海南反季节辣椒、西瓜重要害虫全程绿色防控研究与应用

陈青 梁晓 伍春玲 等著

中国农业科学技术出版社

图书在版编目（CIP）数据

海南反季节辣椒、西瓜重要害虫全程绿色防控研究与应
用/陈青等著.—北京：中国农业科学技术出版社，2017.6
　ISBN 978-7-5116-3125-1

　Ⅰ.①海… Ⅱ.①陈… Ⅲ.①辣椒－病虫害防治－无污染技术
②西瓜－病虫害防治－无污染技术 Ⅳ.①S436.418②S436.5

　中国版本图书馆 CIP 数据核字（2017）第 137170 号

责任编辑	崔改泵　李　华
责任校对	贾海霞

出 版 者	中国农业科学技术出版社
	北京市中关村南大街12号　　邮编：100081
电　　话	（010）82109708（编辑室）　（010）82109702（发行部）
	（010）82109709（读者服务部）
传　　真	（010）82106626
网　　址	http://www.CASTP.cn
经 销 者	全国各地新华书店
印 刷 者	北京富泰印刷有限责任公司
开　　本	710mm×1 000mm　1/16
印　　张	8　　彩插　10面
字　　数	165千字
版　　次	2017年6月第1版　　2017年6月第1次印刷
定　　价	58.00元

◄—▪ 版权所有·翻印必究 ▪—►

《海南反季节辣椒、西瓜重要害虫全程绿色防控研究与应用》

著者名单

主　著：陈　青　（中国热带农业科学院环境与植物保护研究所）

梁　晓　（中国热带农业科学院环境与植物保护研究所）

伍春玲　（中国热带农业科学院环境与植物保护研究所）

副主著：刘光华　（云南省农业科学院热带亚热带经济作物研究所）

王　旭　（北京市大兴区农村工作委员会）

李　欣　（宁夏回族自治区农业技术推广总站）

宋记明　（云南省农业科学院热带亚热带经济作物研究所）

段春芳　（云南省农业科学院热带亚热带经济作物研究所）

前　言

海南反季节辣椒、西瓜是全国人民的冬季"菜篮子"和"果盘子"，一直受到国家和省部领导的高度重视和密切关注，已发展成为海南省能够规模化生产的热带农业支柱产业之一，有力支撑了海南经济的快速发展。然而，海南反季节辣椒、西瓜产业发展中仍存在害虫防控基础信息不清、抗虫品种缺乏及其鉴选技术滞后、占海南常用药剂30%的阿维菌素抗药性及农药不合理使用导致的"问题西瓜"、种植前与种植后害虫全程绿色防控技术缺乏衔接配套性和可操作性等突出问题，严重制约了海南反季节辣椒、西瓜产业的健康持续发展。如何有效解决反季节辣椒、西瓜安全高效规模化种植与害虫有效绿色防控之间的矛盾，成为海南反季节辣椒、西瓜产业健康持续发展中亟待解决的重大难题之一。

为此，由中国热带农业科学院环境与植物保护研究所牵头，联合省内外相关单位及专家，紧紧围绕"绿色食品"、热带瓜菜产业可持续发展及海南国际旅游岛建设的发展与实际需求，针对海南反季节辣椒、西瓜产业发展中存在的主要瓶颈问题，在明确海南反季节辣椒、西瓜害虫防控基础信息基础上，以发生最重、为害最大、防治最难和最易导致产品与产地生态环境安全等问题的地下害虫、嗜花和嫩叶害虫、果实钻蛀害虫及传播病毒媒介害虫为主要防控对象，系统总结了海南反季节辣椒、西瓜害虫发生危害与防治现状，海南反季节辣椒、西瓜品种抗蚜性鉴定与利用，棉铃虫对阿维菌素的抗药性监测与综合治理，海南反季节辣椒、西瓜重要害虫为害特性与发生规律，海南反季节辣椒、西瓜重要害虫全程绿色防控关键技术研发与集成熟化等研究，并以示范基地为核心，结合技术培训、田间技术指导及发放技术资料等多样化推广模式，将适于海南反季节安全高效规模化生产的辣椒、西瓜抗虫、高产、优质品种及其配套的重要害虫全程绿色防控技术加以推广，达到产品安全高效生产、害虫有效绿色防控、产地生态环境安全和农民增产增收四重效果，促进了我国热带瓜菜产业的健康持续发展，获得了良好的经济效益、社会效益与生态效益。

本书能够顺利完成，得到了国家星火计划项目（2015GA800002）、国家科技支撑计划项目（2007BAD48B07-03）、公益性行业（农业）专项（200903034-

1

05）、海南省重大科技项目（ZDZX2013019）、海南省重点实验室和工程技术研究中心建设专项（gczx2015003）、海南省自然科学基金（30825）、中国热带农业科学院科技基金（Rky0393、Rky0513）等专项支持，谨此致谢。

　　本书具有良好的衔接配套性和可操作性、针对性和实用性，可为相关科研与教学单位、企业与农技推广部门、广大瓜菜种植者与当地政府产业发展决策提供重要参考。本书有利于海南热带瓜菜的种植管理技术水平的整体提升和产业升级，具有广泛的行业影响力和良好的应用推广前景。

　　限于著者的知识与专业水平，如有不足之处，敬请广大读者予以指正。

著　者

2017年3月

目　录

1 海南反季节辣椒、西瓜害虫发生为害与防治现状

1.1 调查方法

1.1.1 调查点的设置

应用GIS方法，以5km×10km大小网格将各辣椒、西瓜种植地理区域划分成不同地理网格，网格编号按规定的方式设置。根据各地理网格中地理区域特点，重点调查当地主要的辣椒、西瓜种植地，以及重要的货物、人流运输路线及集散地（港口、集贸市场、公路、开发区等）等人为干扰严重、生物多样性差、生态环境脆弱的地域。调查路线应穿过当地主要辣椒、西瓜产地生态系统类型和不同地貌的辣椒、西瓜种植地。

1.1.2 普查

根据辣椒、西瓜地理网格中的生态环境类型，采取大范围、多点调查的方式进行害虫及其防治调查。按照每个生态环境类型选取具代表性的5个点，每个点调查5个样方，每样方1km×2km取一个样，根据具体情况，在害虫常发区增加调查的样点。代表性地点选择的依据为与害虫相关的当地主要木薯种植地、目标害虫生活的主要寄主种植地。

普查时，简要记录各网格点环境、辣椒及西瓜的品种、长势、栽培管理情况等，记录每样方害虫发生情况，包括害虫种类、植物被害部位、程度和分布状况等，同时拍摄、采集害虫及其为害状标本。对不同为害部位的害虫，如为害叶部、枝梢、果实、种子、茎秆、根部等害虫应分别调查其发生情况。

1.1.3 标准地调查

在普查的基础上，在害虫发生区内选择具有代表性的地区设立标准地进行详细调查。同一地理网格内同一类型生态系统选择5个具有代表性的调查点，每个调查点调查3块标准地，每20~100亩（1亩≈667m²，全书同）设1块标准地，每

1

块标准地面积3~5亩，根据不同害虫的发生特点进行不同取样法（对角线5点取样、随机取样等）和确定取样单位、取样数量。调查发生数量和为害程度，并收集相关标本进行鉴定。

1.1.4 样本采集鉴定与保存

在普查和标准地调查过程中采集害虫标本，尽可能采集生活史标本。将采集的标本进行编号，标本（样品）按分类类别分开存放，并进行初步鉴定，同时做好标本采集记录。按照标本制作技术要求将标本分类制作成适宜长久保存和便于鉴定的标本（如针插标本、液浸标本、玻璃片标本等）。对常见害虫，采用形态学常规方法进行鉴定，对疑难害虫，采用分子生物学和超微观察等相关技术进行鉴定。对采集到的不熟悉标本，除保存备份之外，另送一份质量好的标本给国内外同行专家进行鉴定。

1.1.5 害虫为害程度分级标准

对调查获得的害虫发生、为害程度一般按轻、中、重三级进行分类、统计，其分级标准用＋、＋＋、＋＋＋符号表示。各类害虫的基本分级标准如下。

1.1.5.1 叶部害虫

植物顶部叶片被害率不足1/3为轻度（＋），1/3~2/3为中等（＋＋），2/3以上为严重（＋＋＋）。

1.1.5.2 枝梢害虫

以植株梢部被害率表示，如植株仅一梢、且梢部对植株生长、经济产量重要性大，则被害株率在3%以下为轻度（＋），在3%~7%为中等（＋＋），在8%以上为严重（＋＋＋）；如植株多梢、且各梢对植株生长、经济产量等共同作用，则被害株率在5%以下为轻度（＋），6%~10%为中等（＋＋），11%以上为严重（＋＋＋）。

1.1.5.3 果实、种子害虫

果实、种子被害率在5%以下为轻度（＋），6%~10%为中等（＋＋），11%以上为严重（＋＋＋）。

1.1.5.4 干部和根部害虫

被害株率5%以下为轻度（＋），5%~10%为中等（＋＋），11%以上为严重（＋＋＋）。

1.1.6 安全性评估

根据《外来入侵物种普查及其安全性考察技术方案》和中国农林有害生物危险性综合评价标准，就采集的外来入侵物种在国内外分布情况、潜在为害性、受害栽培寄主的经济重要性、传播的可能性、风险管理的难度等项目进行评估，然后应用外来生物入侵生物风险指数评估体系（PRA）计算出综合风险值R。风险程度R值分为4等级，3.0～2.5为不可接受，2.4～2.0为高风险，1.9～1.5为中风险，1.4～1.0为低风险。

1.2 结果与分析

1.2.1 海南反季节辣椒和西瓜种植与分布

海南反季节瓜菜种植面积约300万亩，其中辣椒和西瓜种植约200万亩，主要分布在海口、定安、文昌、琼海、万宁、陵水、三亚、乐东、东方、昌江、儋州、临高、澄迈和屯昌等万亩大田洋和无公害瓜菜生产基地。辣椒主要为安徽辣丰系列及泡椒系列、湖南湘研系列、中国农业科学院的中椒系列、台湾大羊角系列等黄皮尖椒、青皮尖椒、圆椒、小果红尖椒、彩椒类品种，西瓜主要为黑美人、麒麟瓜、花皮无籽、黑皮无籽、新红宝等有籽和无籽西瓜系列品种。除了海南省万亩大田洋及无公害瓜菜生产基地外（表1-1、表1-2），海南反季节辣椒和西瓜品种因市场价格影响年份间波动较大。

表1-1 海南省万亩大田洋无公害瓜菜生产基地

序号	基地名称	经纬度	所属地市	主要反季节瓜菜作物
1	海口市秀英区东山镇马坡洋无公害蔬菜生产基地	19º 794′ 110º 344′	海口市	辣椒等茄果类、豆类
2	海口市秀英区西秀镇龙头无公害蔬菜生产基地	19º 994′ 110º 165′	海口市	辣椒等茄果类、豆类
3	海口市美兰区灵山镇大昌洋无公害蔬菜生产基地	20º 027′ 110º 437′	海口市	辣椒等茄果类、豆类
4	海口市琼山区甲子镇石湖洋无公害蔬菜生产基地	19º 616′ 110º 498′	海口市	辣椒等茄果类、豆类
5	琼山区府城镇那央三八洋无公害蔬菜生产基地	19º 987′ 110º 351′	海口市	辣椒等茄果类、豆类
6	琼山区大坡镇雄心洋无公害蔬菜生产基地	19º 644′ 110º 548′	海口市	辣椒等茄果类、豆类
7	琼山区红旗镇云雁洋无公害蔬菜生产基地	19º 812′ 110º 519′	海口市	瓜类、辣椒等茄果类、豆类

（续表）

序号	基地名称	经纬度	所属地市	主要反季节瓜菜作物
8	定安县定城镇龙洲洋无公害蔬菜基地等	19º 699′ 110º 371′	定安县	辣椒等茄果类、豆类
9	定安县黄竹镇龙洲洋无公害蔬菜基地等	19º 481′ 110º 443′	定安县	辣椒等茄果类、豆类
10	定安县岭口镇龙洲洋无公害蔬菜基地等	19º 351′ 110º 310′	定安县	辣椒等茄果类、豆类
11	定安县翰林镇龙洲洋无公害蔬菜基地等	19º 334′ 110º 251′	定安县	辣椒等茄果类、豆类
12	定安县龙门镇龙洲洋无公害蔬菜基地等	19º 449′ 110º 327′	定安县	辣椒等茄果类、豆类
13	定安县龙湖镇龙洲洋无公害蔬菜基地等	19º 586′ 110º 399′	定安县	辣椒等茄果类、豆类
14	海南永青公司文昌冯坡白茅洋无公害瓜菜生产基地	19º 991′ 110º 778′	文昌市	椒类、瓜类、豆类、茄果类
15	家屯洋无公害瓜菜生产基地	19º 441′ 110º 706′	文昌市	瓜类、椒类
16	琼海市龙池土冬洋无公害蔬菜生产基地	19º 467′ 110º 667′	琼海市	辣椒等茄果类、豆类
17	琼海市大路洋无公害蔬菜生产基地	19º 403′ 110º 474′	琼海市	辣椒等茄果类、豆类
18	万宁市大奶洋无公害瓜菜生产基地	18º 734′ 110º 42′	万宁市	瓜菜类、椒类、豆类
19	陵水县大潜洋无公害瓜菜生产基地	18º 569′ 110º 054′	陵水县	瓜果类、辣椒等茄果类、豆类
20	三亚市崖城镇坡田洋无公害瓜菜生产基地	18º 401′ 109º 171′	三亚市	瓜菜类、椒类、豆类
21	三亚市海棠湾镇田洋瓜菜生产基地	18º 260′ 109º 670′	三亚市	瓜菜类、椒类、豆类
22	三亚市崖城镇坡田洋瓜菜生产基地	18º 425′ 109º 170′	三亚市	瓜菜类、椒类、豆类
23	三亚市凤凰镇妙林田洋瓜菜生产基地	18º 355′ 109º 414′	三亚市	瓜菜类、椒类、豆类
24	乐东县熟田洋无公害瓜菜生产基地	19º 569′ 110º 054′	乐东县	瓜类、辣椒等茄果类
25	乐东县黄流镇抱孔洋无公害蔬菜生产基地	18º 512′ 108º 785′	乐东县	瓜类、辣椒等茄果类
26	东方市三家镇酸梅洋无公害瓜菜生产基地	19º 233′ 108º 720′	东方市	瓜类、辣椒等茄果类

（续表）

序号	基地名称	经纬度	所属地市	主要反季节瓜菜作物
27	四更镇英显田洋无公害瓜菜生产基地	19º 227′ 108º 678′	东方市	瓜类、辣椒等茄果类
28	三家镇那月田洋无公害瓜菜生产基地	19º 186′ 108º 763′	东方市	瓜类、辣椒等茄果类
29	昌江县保平洋无公害蔬菜生产基地	19º 288′ 108º 889′	昌江县	辣椒等茄果类、豆类
30	长山田洋无公害蔬菜生产基地	19º 482′ 108º 947′	昌江县	辣椒等茄果类、豆类
31	峨港田洋无公害蔬菜生产基地	19º 313′ 108º 794′	昌江县	辣椒等茄果类、豆类
32	保平田洋无公害蔬菜生产基地	19º 286′ 108º 882′	昌江县	辣椒等茄果类、豆类
33	儋州市长坡洋无公害瓜菜生产基地	19º 699′ 109º 427′	儋州市	瓜类、辣椒等茄果类
34	儋州市东成镇长坡洋无公害瓜菜生产基地	19º 694′ 109º 423′	儋州市	瓜类、辣椒等茄果类
35	儋州市新州镇新中洋无公害瓜菜生产基地	19º 711′ 109º 323′	儋州市	瓜类、辣椒等茄果类
36	儋州市白马井镇福禾洋无公害瓜菜生产基地	19º 708′ 109º 243′	儋州市	瓜类、辣椒等茄果类
37	临高县临城镇城东洋无公害瓜菜生产基地	19º 879′ 109º 670′	临高县	瓜类、椒类、豆类
38	临高县皇桐镇抱伦洋无公害蔬菜生产基地	19º 840′ 109º 830′	临高县	椒类、豆类
39	临高县县波莲镇波莲美珠洋无公害瓜菜生产基地	19º 829′ 109º 599′	临高县	瓜菜、椒类、豆类
40	临高县南宝镇松古洋无公害生产基地	19º 681′ 109º 586′	临高县	椒类、瓜类、茄果类
41	临高县多文镇兰合洋无公害瓜菜生产基地	19º 743′ 109º 742′	临高县	瓜类、椒类、豆类
42	临高县博厚镇博西洋无公害瓜菜生产基地	19º 864′ 109º 746′	临高县	瓜类、椒类、豆类
43	澄迈县罗浮洋无公害瓜菜生产基地	19º 722′ 110º 120′	澄迈县	椒类、豆类、瓜类
44	屯昌县枫木洋无公害蔬菜生产基地	19º 222′ 110º 006′	屯昌县	瓜类、辣椒等茄果类

表1-2　海南省非万亩大田洋无公害瓜菜生产基地

序号	基地名称	经纬度	所属地市	主要反季节瓜菜作物
1	重兴镇重建无公害瓜果菜生产基地	19°404′ 110°608′	文昌市	瓜菜、椒类等蔬菜
2	凤会无公害瓜菜生产基地	19°443′ 110°700′	文昌市	椒类、瓜类、豆类、茄果类
3	罗宝无公害瓜菜生产基地	19°482′ 110°603′	文昌市	椒类、瓜类、豆类等蔬菜
4	万宁市万城镇无公害瓜果菜生产基地	18°821′ 110°402′	万宁市	瓜菜类、椒类、豆类
5	万宁市龙滚镇无公害瓜果菜生产基地	19°078′ 110°531′	万宁市	瓜菜类、椒类、豆类
6	陵水县本号镇无公害瓜菜生产基地	18°601′ 109°950′	陵水县	瓜果类、椒类、豆类、茄果类
7	陵水县光坡镇无公害瓜菜生产基地	18°562′ 110°052′	陵水县	瓜果类、椒类、豆类、茄果类
8	陵水县提蒙镇无公害瓜菜生产基地	18°566′ 110°016′	陵水县	瓜果类、椒类、豆类、茄果类
9	三亚市优质蔬菜开发中心	18°395′ 109°164′	三亚市	椒类、豆类
10	三亚海源实业有限公司崖城马鹿塘农场	18°429′ 109°170′	三亚市	瓜菜类、椒类、豆类
11	乐东县九所镇无公害瓜菜生产基地	18°442′ 108°914′	乐东县	瓜类、茄果类、椒类等蔬菜
12	乐东县利国镇无公害瓜菜生产基地	18°481′ 108°863′	乐东县	瓜类、茄果类、椒类等蔬菜
13	乐东县佛罗镇无公害瓜菜生产基地	18°580′ 108°730′	乐东县	瓜类、茄果类、椒类等蔬菜
14	感城1号无公害瓜菜生产基地	18°842′ 108°629′	东方市	瓜类、茄果类、椒类等蔬菜
15	昌化新园地无公害蔬菜生产基地	19°290′ 108°705′	昌江县	椒类、豆类、茄果类
16	姜园西高地无公害蔬菜生产基地	19°254′ 108°838′	昌江县	椒类、豆类、茄果类
17	儋州市光村镇扫地坡无公害瓜菜生产基地	19°810′ 109°486′	儋州市	瓜类、茄果类、椒类等蔬菜
18	儋州市东成镇崖碧坡无公害瓜菜生产基地	19°738′ 109°486′	儋州市	瓜类、茄果类、椒类等蔬菜
19	儋州市东成镇番陈坡无公害瓜菜生产基地	19°675′ 109°432′	儋州市	瓜类、茄果类、椒类等蔬菜
20	儋州市中和镇高第坡无公害瓜菜生产基地	19°716′ 109°374′	儋州市	瓜类、茄果类、椒类等蔬菜
21	儋州市王五镇徐浦坡无公害瓜菜生产基地	19°657′ 109°313′	儋州市	瓜类、茄果类、椒类等蔬菜
22	澄迈县老城镇无公害蔬菜生产基地	19°949′ 110°136′	澄迈县	椒类、豆类、茄果类等蔬菜
23	澄迈县瑞溪镇无公害蔬菜生产基地	19°927′ 110°122′	澄迈县	椒类、豆类、茄果类等蔬菜
24	澄迈县永发镇无公害蔬菜生产基地	19°962′ 110°047′	澄迈县	椒类、豆类、茄果类等蔬菜
25	澄迈县金江镇等无公害蔬菜生产基地	19°723′ 110°978′	澄迈县	椒类、豆类、茄果类等蔬菜
26	屯昌县西昌镇无公害蔬菜生产基地	19°430′ 110°033′	屯昌县	瓜类、茄果类、椒类
27	屯昌县枫木镇无公害蔬菜生产基地	19°205′ 110°210′	屯昌县	瓜类、茄果类、椒类
28	屯昌县坡心镇关郎村无公害蔬菜生产基地	19°290′ 110°065′	屯昌县	瓜类、茄果类、椒类
29	琼中县乌石无公害瓜菜生产基地	19°155′ 109°841′	琼中县	瓜类、茄果类、椒类
30	琼中县湾岭镇无公害蔬菜生产基地	19°143′ 109°902′	琼中县	茄果类、椒类
31	五指山市番阳镇无公害瓜菜基地	18°884′ 109°388′	五指山市	瓜类、豆类等
32	五指山市毛阳镇无公害蔬菜生产基地	18°934′ 109°513′	五指山市	椒类、豆类、茄果类
33	五指山市冲山镇无公害蔬菜生产基地	18°817′ 109°555′	五指山市	椒类、豆类、茄果类
34	保亭县南林乡无公害瓜果菜生产基地	18°407′ 109°626′	保亭县	椒类、瓜类
35	保亭县什玲镇无公害瓜果菜生产基地	18°664′ 109°788′	保亭县	椒类、瓜类
36	保亭县三道镇无公害瓜果菜生产基地	18°466′ 109°664′	保亭县	椒类、瓜类

1.2.2　海南反季节辣椒和西瓜害虫发生为害与防治现状

　　通过对海南80个万亩大田洋及无公害瓜菜生产基地反季节辣椒和西瓜害虫发生为害与防治现状调查，鉴定海南反季节辣椒和西瓜害虫71种，其中常发性大面积严重发生害虫与害螨20种（表1-3），轻度发生害虫与害螨51种（表1-4）；确定海南反季节辣椒和西瓜生产中发生为害最重、防治难度最大和最易导致产品安全、抗药性及产地环境安全等突出问题的危险性害虫为小地老虎、铜绿丽金龟幼虫蛴螬、东方蝼蛄等地下害虫、黄胸蓟马等嗜花害虫、棉铃虫等果实钻蛀害虫和桃蚜等传播病毒媒介害虫，导致当地瓜菜平均每亩发生为害损失达25%～40%（图1-1），严重时可达70%以上；发现海南反季节辣椒和西瓜害虫防治过度依赖药剂防治，防治成本的75.8%为化学药剂，15.5%为生物药剂，4.2%为杀虫灯和色板，1.0%为抗性种苗，其他防治措施为3.5%（图1-2），而且30%常用药剂为阿维菌素及以阿维菌素为主要成分的复配药剂，确定阿维菌素抗药性及大剂量、高频率、不合理混配用药是导致热带瓜菜产品安全、害虫抗药性及产地环境安全等日趋突出问题的根源，进一步完善了海南反季节辣椒和西瓜害虫及其防控基础数据库，为有针对性和有效地制定海南反季节辣椒和西瓜害虫防控策略和研发关键防控技术提供了基础信息支撑。

表1-3　常发性严重发生害虫与害螨

序号	种类名称	分类
1	棉铃虫*Heliothis armigera* Hubner	
2	烟青虫*Heliothis assulta* Guenee	
3	斜纹夜蛾*Gryllotalpa orientalis* Burmeister	鳞翅目
4	瓜绢螟*Diaphania indica*（Saunders）	
5	豇豆荚螟*Maruca testulalis* Geyer	
6	小地老虎*Agrotis ypsilon*	
7	桃蚜*Myzus persicae*（Sulzer）	
8	棉蚜*Aphis gossypii* Glover	
9	烟粉虱*Bemisia tabaci*（Gennadius）	同翅目
10	白粉虱*Trialeurodes vaporairum*（Westwood）	
11	瓜实蝇*Bactrocera cucurbitae*（Coquillett）	
12	美洲斑潜蝇*Liriomyza sativae* Blanchard	双翅目
13	瓜种蝇*Hylemyia platura* Meigen	
14	棕榈蓟马*Thrips palmi* Karny	
15	黄胸蓟马*Thrips hamaiiensis*（Morgan）	缨翅目
16	花蓟马*Frankliniella intonsa*（Trybom）	
17	铜绿丽金龟*Holotrichia corpulenta* Motsch	鞘翅目
18	东方蝼蛄*Gryllotalpa orientalis* Burmeister	直翅目
19	茶黄螨*Polyphagotarsonemus latus* Banks	蜱螨目
20	番茄瘿螨*Eriophyes lycopersici* Wolff	

表1-4　轻度发生害虫与害螨

序号	种类名称	分类
1	茄螟 *Leucinodes orbonalis*	鳞翅目
2	菜粉蝶 *Pierisrapae* Linne	
3	豆天蛾 *Clanis bilineata*	
4	银纹夜蛾 *Argyrogramma agnata* Staudinger	
5	甜菜夜蛾 *Spodoptera exigua* Hübner	
6	茶蓑蛾 *Eumeta minuscula* Butler	鳞翅目
7	茶鹿蛾 *Amata germane* Felden	
8	大造桥虫 *Ascotis selenaria* Schiffermüller et Denis	
9	黄刺蛾 *Cnidocampa flavescens*	
10	大钩翅尺蛾 *Hyposidra talaca* Walker	
11	豆蚜 *Aphis craccivora* Koch	
12	螺旋粉虱 *Aleurodicus disperses* Russell	
13	黑刺粉虱 *Aleurocanthus spiniferus*	
14	双条佛粉蚧 *Ferrisia virgata*	
15	矢尖盾蚧 *Unaspis yanonensis* Kuwana	
16	八点广翅蜡蝉 *Ricania speculum*（Walker）	同翅目
17	柿广翅蜡蝉 *Ricania Sublimbata* Jacobi	
18	青蛾蜡蝉 *Salurnis marginellus* Guer	
19	红线舌扁蜡蝉 *Ossoides lineatus* Berman	
20	大青叶蝉 *Cicadella viridis*	
21	黄曲条跳甲 *Phyllotreta striolata*（Fabricius）	
22	黄守瓜 *Aulacophora femoralis chinensis* Weise	
23	黄足黑守瓜 *Aulacophora lewisii* Baly	
24	茄二十八星瓢虫 *Henosepilachna vigintiocto-punctata* Fabricius	
25	单叉犀金龟 *Dynastes gideon*	
26	红脚丽金龟 *Anomala cupripes* Hope	鞘翅目
27	甘薯小绿龟甲 *Cassida*（*Taiwania*）*circumdata* Herbst	
28	甘薯梳龟甲 *Aspidomorpha furcata*（Thunberg）	
29	小绿象甲 *Platymycteropsis mandarinus* Faimaire	
30	沟金针虫 *Pleonomus canaliculatus* Faldermann	
31	茄跳甲 *Psylliodes balyi* Jacoby	
32	桔小实蝇 *Bactrocera dorsalis* Hendel	双翅目
33	稻绿蝽 *Nezara viridula*（Linnaeus）	半翅目

（续表）

序号	种类名称	分类
34	短额负蝗*Atractomorpha sinensis* I. Bol.	直翅目
35	朱砂叶螨*Tetranychus cinnabarinus*（Boisduval）	蜱螨目
36	二斑叶螨*Tetranchus urticae* Koch	
37	烟蓟马*Thrips tabaci* Lindeman	缨翅目
38	西花蓟马*Frankliniella occidentalis*	
39	威廉斯花蓟马*Frankliniella williamsi*	缨翅目
40	黄蓟马*Thrips flevus Schrank*	
41	中华稻蝗*Oxya chinensis* Thunb.	
42	短角异斑腿蝗*Xenocatantops brachycerus*（Will.）	
43	威廉剑角蝗*Acrida willemsei* Dirsh	
44	长角佛蝗*Phlaeoba antennata* Br.-W.	直翅目
45	僧帽佛蝗*Phlaeoba infumata* Br.-W.	
46	棉蝗*Chondracris rosea*（De Geer）	
47	掩耳螽*Elimaea* sp.	
48	条蜂缘蝽*Riptortus linearis* Fabricius	
49	四刺棒缘蝽*Clavigralla acantharis* Fabricius	半翅目
50	绿盲蝽*Lygus lucorum*	
51	异稻缘蝽*Leptocorisa varicornis*	

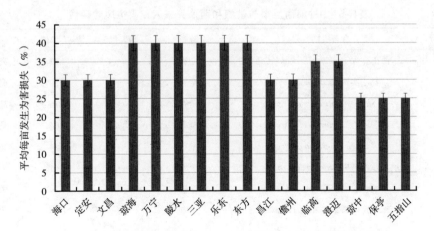

图1-1 海南反季节辣椒、西瓜害虫发生为害现状

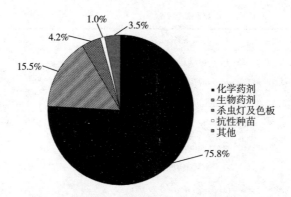

图1-2　海南反季节辣椒、西瓜害虫防治现状

1.2.3　海南反季节辣椒和西瓜外来入侵害虫风险分析

根据我国农林有害生物危险性综合评价标准和"PRA评估模型"，对海南反季节辣椒和西瓜外来入侵害虫为害进行了风险评估，发现西花蓟马（R=2.33）、桔小实蝇（R=2.30）、双条拂粉蚧（R=2.16）、螺旋粉虱（R=2.04）和烟粉虱（R=2.04）在海南反季节辣椒和西瓜生产中均属于高度危险有害生物；瓜实蝇（R=1.81）、美洲斑潜蝇（R=1.80）、二斑叶螨（R=1.80）和威廉斯花蓟马（R=1.80）在海南反季节辣椒和西瓜生产中均属于中度危险有害生物（表1-5）。

表1-5　9种海南反季节辣椒和西瓜外来入侵害虫风险评估

序号	有害生物名称	分布	为害程度	风险R值	风险等级
1	西花蓟马*Frankliniella occidentalis*	全省	+	2.33	高
2	桔小实蝇*Bactrocera dorsalis*	全省	+	2.30	高
3	双条拂粉蚧*Ferrisia virgata*	全省	+	2.16	高
4	螺旋粉虱*Aleurodicus disperses*	全省	+	2.04	高
5	烟粉虱*Bemisia tabaci*	全省	+++	2.04	高
6	瓜实蝇*Bactrocera cucurbitae*	全省	+++	1.81	中
7	美洲斑潜蝇*Lirianyza sativae*	全省	+++	1.80	中
8	二斑叶螨*Tetranychus urticae*	全省	+	1.80	中
9	威廉斯花蓟马*Frankliniella williamsi*	全省	+	1.80	中

1.3 小结

（1）海南反季节瓜菜种植面积约300万亩，其中辣椒和西瓜种植约200万亩，主要分布在海口、定安、文昌、琼海、万宁、陵水、三亚、乐东、东方、昌江、儋州、临高、澄迈和屯昌等万亩大田洋和无公害瓜菜生产基地。辣椒主要为安徽辣丰系列及泡椒系列、湖南湘研系列、中国农业科学院的中椒系列、台湾大羊角系列等黄皮尖椒、青皮尖椒、圆椒、小果红尖椒、彩椒类品种，西瓜主要为黑美人、麒麟瓜、花皮无籽、黑皮无籽、新红宝等有籽和无籽西瓜系列品种。

（2）通过对海南80个万亩大田洋及无公害瓜菜生产基地反季节辣椒和西瓜害虫发生为害与防治现状调查，鉴定海南反季节辣椒和西瓜害虫71种，其中常发性大面积严重发生害虫与害螨20种，轻度发生害虫与害螨51种。

（3）确定海南反季节辣椒和西瓜生产中发生为害最重、防治难度最大和最易导致产品安全、抗药性及产地环境安全等突出问题的危险性害虫为小地老虎、铜绿丽金龟幼虫蛴螬、东方蝼蛄等地下害虫、黄胸蓟马等嗜花害虫、棉铃虫等果实钻蛀害虫和桃蚜等传播病毒媒介害虫，导致当地瓜菜平均每亩发生为害损失达25%～40%，严重时可达70%以上。

（4）海南反季节辣椒和西瓜害虫防治过度依赖药剂防治，防治成本的75.8%为化学药剂，15.5%为生物药剂，4.2%为杀虫灯，1.0%为抗性种苗，其他防治措施为3.5%，而且30%常用药剂为阿维菌素及以阿维菌素为主要成分的复配药剂，确定阿维菌素抗药性及大剂量、高频率、不合理混配用药是导致热带瓜菜产品安全、害虫抗药性及产地环境安全等日趋突出问题的根源。

2 辣椒品种抗蚜性鉴定评价与利用

2.1 辣椒品种抗蚜性鉴定

2.1.1 材料与方法

2.1.1.1 供试材料

本试验所用30个参试品种均为优良栽培品种，其编号、品种名称、来源见表2-1。

表2-1 30个参试品种的编号、品种名称及其来源

序号	品种	来源	序号	品种	来源
1	凉椒一号	甘肃	16	黄灯笼椒	海南
2	猪大肠	甘肃	17	中椒六号	北京
3	特大牛角椒	甘肃	18	大牛角椒	北京
4	大羊角椒	甘肃	19	保椒二号	北京
5	新丰五号	安徽	20	都椒一号	北京
6	辣丰三号	安徽	21	特大牛角椒	内蒙古
7	福椒六号	安徽	22	台湾特大黄皮角椒	台湾
8	砀椒一号	安徽	23	渝椒五号	重庆
9	薄皮泡椒王	安徽	24	泰国正椒三号	江苏
10	博辣15号	湖南	25	更新六号	江西
11	超丰五号	湖南	26	昆椒一号	云南
12	湘研六号	湖南	27	新洛椒四号	河南
13	湘研9402	湖南	28	特选二号	河南
14	湘研十五号	湖南	29	福康8号	广东
15	苗丰三号	海南	30	香辣八号	广东

2.1.1.2 供试蚜虫

采自中国热带农业科学院植物保护研究所蔬菜病虫研究室盆栽烟草植株上饲养的桃蚜[*Myzus persicae*（Sulzer）]

2.1.1.3 鉴定方法

参考菜豆、棉花抗蚜性鉴定方法。

（1）温室苗期鉴定。将待测品种随机排列，播种于育苗用营养钵中，每品种1行，每行10株，行长60cm，行距、株距均为6cm。在辣椒苗4～6叶期进行人工接蚜。方法是将剪取布满蚜虫的辣椒叶片，均匀设3点置于待测苗的行间，令其自然转移。接蚜8d后进行查蚜。查蚜方法为计数法。每行查蚜10株，以每株的平均蚜量定级，共分5级，如表2-2所示。每品种抗性鉴定重复3次，最后将各参试品种拿到大田进行考验。

表2-2　辣椒抗蚜性温室苗期抗性评级标准

等级	0级	1级	2级	3级	4级
抗性程度	高抗（HR）	抗（R）	中抗（MR）	感（S）	高感（HS）
平均蚜量（头/株）	0～1.0	1.1～5.0	5.1～10.0	10.1～15.0	>15.0

（2）田间鉴定。将待测品种随机排列，每品种种两行，行长2m，行距40cm，每行15株，每品种设3重复，以自然感蚜为主，必要时辅以人工接蚜（接蚜方法与温室相同），蚜害高峰期采用目测法进行调查，然后根据蚜害指数进行抗性评价。田间蚜害严重度分为5级：0级全株无蚜；1级株上有零星蚜；2级心叶及嫩茎有较多蚜，但未卷叶；3级心叶及嫩茎布满蚜虫，心叶卷曲；4级全株蚜量极多，较多叶片卷曲，植株矮小。由于本试验无确定的感蚜品种，故只能采用离中率方法进行评价。首先求出所有参鉴品种蚜害指数的平均值I*，根据每品种几次重复中蚜害指数最高值I与I*的比值确定其抗性程度。抗性评价按表2-3划分。

表2-3　辣椒抗蚜性田间抗性评级标准

等级	0级	1级	3级	5级	7级	9级
抗性程度	免疫（IM）	高抗（HR）	抗（R）	中抗（MR）	感（S）	高感（HS）
离中率（I/I*）	0	0～0.20	0.21～0.35	0.36～0.50	0.51～0.75	>0.75

注：I*为平均蚜害指数，蚜害指数（I）=Σ（严重度级别×该级株数）/（调查株数×4）×100

2.1.2 结果与分析

2.1.2.1 温室苗期鉴定

通过温室苗期接蚜鉴定（表2-4），初步鉴定出24个参试辣椒栽培品种中，凉椒一号、猪大肠、都椒一号和新丰五号4个品种对蚜虫表现为高抗；辣丰三号、薄皮泡椒王、博辣15号、苗丰三号、黄灯笼椒、中椒六号、更新六号、昆椒一号和香辣八号9个品种对蚜虫表现为抗；超丰五号、大牛角椒（北京）、特大牛角椒（甘肃）、特大牛角椒（内蒙古自治区——以下简称内蒙古）、我国台湾特大黄皮角椒、新洛椒四号、湘研六号、特选二号和福康8号9个品种对蚜虫表现为中抗；大羊角椒、砀椒一号、湘研9402和渝椒五号4个品种对蚜虫表现为高感；保椒二号、泰国正椒三号、福椒六号和湘研十五号4个品种对蚜虫表现为感。

2.1.2.2 田间鉴定

田间鉴定结果表明（表2-5），凉椒一号、猪大肠、都椒一号、新丰五号4个品种对蚜虫表现为高抗；辣丰三号、薄皮泡椒王、博辣15号、苗丰三号、黄灯笼椒、中椒六号、更新六号、昆椒一号和香辣八号9个品种对蚜虫表现为抗；超丰五号、大牛角椒（北京）、特大牛角椒（甘肃）、特大牛角椒（内蒙古）、台湾特大黄皮角椒、新洛椒四号、湘研六号、特选二号和福康8号9个品种对蚜虫表现为中抗；大羊角椒、砀椒一号、湘研9402和渝椒五号4个品种对蚜虫表现为高感；保椒二号、泰国正椒三号、福椒六号和湘研十五号4个品种对蚜虫表现为感，与温室苗期接蚜鉴定结果一致。

2.1.3 小结

采用离中率方法建立了切实可行的辣椒抗蚜性田间评级标准，并将室内与田间评级标准相结合，获得抗性稳定的高抗蚜虫辣椒品种4个，即凉椒一号、猪大肠、都椒一号、新丰五号；抗蚜品种9个，即辣丰三号、薄皮泡椒王、博辣15号、苗丰三号、黄灯笼椒、中椒六号、更新六号、昆椒一号和香辣八号；中抗蚜虫辣椒品种9个，即超丰五号、大牛角椒（北京）、特大牛角椒（甘肃）、特大牛角椒（内蒙古）、台湾特大黄皮角椒、新洛椒四号、湘研六号、特选二号和福康8号；高感蚜虫辣椒品种4个，即大羊角椒、砀椒一号、湘研9402和渝椒五号；感蚜品种4个，即保椒二号、泰国正椒三号、福椒六号和湘研十五号，为辣椒抗蚜性研究提供了抗性评级标准与参试材料。

表2-4　30个参试辣椒栽培品种温室苗期抗蚜性鉴定结果

序号	品种	来源	平均蚜量（头/株）	等级	表现型
1	凉椒一号	甘肃	0.6	0	HR
2	猪大肠	甘肃	0.4	0	HR
3	特大牛角椒	甘肃	6.8	2	MR
4	大羊角椒	甘肃	26.6	4	HS
5	新丰五号	安徽	0.9	0	HR
6	辣丰三号	安徽	2.5	1	R
7	福椒六号	安徽	10.1	3	S
8	砀椒一号	安徽	25.8	4	HS
9	薄皮泡椒王	安徽	4.8	1	R
10	博辣15号	湖南	3.6	1	R
11	超丰五号	湖南	6.9	2	MR
12	湘研六号	湖南	8.9	2	MR
13	湘研9402	湖南	19.9	4	HS
14	湘研十五号	湖南	10.6	3	S
15	苗丰三号	海南	3.8	1	R
16	黄灯笼椒	海南	4.9	1	R
17	中椒六号	北京	3.5	1	R
18	大牛角椒	北京	9.8	2	MR
19	保椒二号	北京	13.8	3	S
20	都椒一号	北京	0.9	0	HR
21	特大牛角椒	内蒙古	9.6	2	MR
22	台湾特大黄皮角椒	台湾	6.7	2	MR
23	渝椒五号	重庆	21.4	4	HS
24	泰国正椒三号	江苏	13.9	3	S
25	更新六号	江西	4.9	1	R
26	昆椒一号	云南	4.8	1	R
27	新洛椒四号	河南	7.0	2	MR
28	特选二号	河南	6.9	2	MR
29	福康8号	广东	9.8	2	MR
30	香辣八号	广东	4.6	1	R

表2-5　30个参试辣椒栽培品种田间抗蚜性鉴定结果

序号	品种	来源	I/I*	等级	表现型
1	凉椒一号	甘肃	0.15	1	HR
2	猪大肠	甘肃	0.14	1	HR
3	特大牛角椒	甘肃	0.35	5	MR
4	大羊角椒	甘肃	1.12	9	HS
5	新丰五号	安徽	0.18	1	HR
6	辣丰三号	安徽	0.26	3	R
7	福椒六号	安徽	0.53	7	S
8	砀椒一号	安徽	1.08	9	HS
9	薄皮泡椒王	安徽	0.34	3	R
10	博辣 15 号	湖南	0.30	3	R
11	超丰五号	湖南	0.38	5	MR
12	湘研六号	湖南	0.38	5	MR
13	湘研 9402	湖南	0.9	9	HS
14	湘研十五号	湖南	0.55	7	S
15	苗丰三号	海南	0.28	3	R
16	黄灯笼椒	海南	0.34	3	R
17	中椒六号	北京	0.24	3	R
18	大牛角椒	北京	0.45	5	MR
19	保椒二号	北京	0.64	7	S
20	都椒一号	北京	0.19	1	HR
21	特大牛角椒	内蒙古	0.42	5	MR
22	台湾特大黄皮角椒	台湾	0.38	5	MR
23	渝椒五号	重庆	1.02	9	HS
24	泰国正椒三号	江苏	0.62	7	S
25	更新六号	江西	0.32	3	R
26	昆椒一号	云南	0.34	3	R
27	新洛椒四号	河南	0.38	5	MR
28	特选二号	河南	0.39	5	MR
29	福康 8 号	广东	0.43	5	MR
30	香辣八号	广东	0.32	3	R

2.2 辣椒抗蚜性遗传分析

2.2.1 材料与方法

2.2.1.1 供试桃蚜和辣椒品种

桃蚜[*Myzus persicae*（Sulzer）]采自中国热带农业科学院环境与植物保护研究所害虫研究室盆栽烟草植株上饲养的桃蚜。以遗传稳定的抗蚜辣椒品种猪大肠和感蚜辣椒品种大羊角椒为试验材料。

2.2.1.2 杂交后代群体的抗蚜性鉴定

参照周明牂主编的《作物抗虫性原理与应用》所采用的方法。采用2.1节中的辣椒品种抗蚜性鉴定中的温室苗期鉴定方法对正反杂交（附图）杂种后代F_1、F_2进行抗性评价。F_1代采用群体评级，F_2代采用单株评级。

2.2.1.3 辣椒叶组织中过氧化物酶（POD）和多酚氧化酶（PPO）酶活分析

从猪大肠和大羊角椒正反杂交的F_2代群体中各选取10株经过抗性鉴定的抗、感蚜辣椒植株用于POD和PPO酶活分析。

（1）酶液提取。在抗、感品种4～6叶期，分别取接虫前及接虫初期和后期新鲜叶片鲜重1g，加2ml蒸馏水，在冰浴中研磨，然后5 000r/min离心20min，上清液转入量瓶，以蒸馏水稀释至10ml，置冰箱中保存，用于PPO、POD的活性测定和同功酶电泳。

（2）酶活性测定。

PPO：在小试管中依次加入0.02mol/L邻苯二酚溶液1.5ml，0.05mol/L pH6.8磷酸缓冲液1.5ml，酶液0.5ml；另取一小试管，加前2种溶液，不加酶液作为对照。在30℃下反应2min，398nm波长下测D_{398}值。

POD：在小试管中依次加入0.2mol/L pH5.0醋酸缓冲液1.95ml，1g/L邻甲氧基苯酚1ml，酶液0.5ml，0.08％的过氧化氢溶液1ml，而对照试管将过氧化氢溶液改为1ml蒸馏水。从加入过氧化氢的那一刻开始计时，60min时在470nm波长下测D_{470}值。

2.2.1.4 数据分析

采用SPSS软件进行数据分析，显著性差异分析采用One-Way ANOVA-Fisher中的LSD方法，所有数据均为3个生物学重复的平均值，显著性检测水平为$\alpha =0.05$。

2.2.2 结果与分析

2.2.2.1 辣椒抗蚜性的遗传分析

抗蚜性鉴定结果表明，猪大肠和大羊角椒正反杂交后代F_1表型均没有出现抗、感性分离，平均每株蚜量分别为0.59头和0.78头，表现为高抗（HR）。F_1自交所得F_2表型出现抗、感性分离，抗蚜与感蚜植株分离比经 χ^2 测验符合3：1分离规律（表2-6）。上述结果说明，辣椒抗蚜性由单显性核基因控制，且能稳定遗传。

在大羊角椒×猪大肠的F_2代分离群体中，感虫植株的数量比预期3：1分离比率略高（表2-6），此现象可能是由于感虫品种中存在一个修饰基因，改变了显性基因的抗性。

表2-6　辣椒抗蚜性遗传分析

♂×♀	F_1			F_2			分离比	$\chi^2_{1, 0.05}$
	植株总数（株）	平均蚜量（头/株）	表型	植株总数（株）	抗	感		
猪大肠×大羊角椒	44	0.59	高抗	246	182	64	2.84：1	0.0867
大羊角椒×猪大肠	88	0.78	高抗	166	128	38	3.36：1	0.2892

2.2.2.2 蚜虫侵害前后抗、感蚜辣椒植株叶组织内PPO活性变化

结果（表2-7）表明，无论对于辣椒亲本及其F_1、F_2代群体，抗蚜品种在接蚜初期和后期植株叶组织内PPO活性并无显著差异，但与未接蚜相比均显著升高（$P<0.05$），升高倍数在2.01～3.07倍，而感蚜品种PPO活性在接蚜前后均无显著差异（$P<0.05$）。此外，接蚜前抗、感蚜辣椒品种PPO活性也无显著差异，而抗蚜品种接蚜初期、后期叶组织内PPO活性也分别显著高于感蚜品种（$P<0.05$）。

表2-7　蚜虫侵害前后抗、感蚜辣椒品种叶组织内PPO活性变化

品种	酶活性（mmol/s）			酶活提高倍数（接蚜后/接蚜前）	
	未接蚜	接蚜初期	接蚜后期	接蚜初期	接蚜后期
猪大肠（HR）	11.67 Ab	34.02 Aa	34.24 Aa	2.92	2.93
大羊角椒（HS）	11.78 Aa	18.22 Ba	18.33 Ba	1.55	156
F_1（猪大肠×大羊角椒）（HR）	11.37 Ab	33.28 Aa	33.46 Aa	2.93	2.94
F_1（大羊角椒×猪大肠）（HR）	11.60 Ab	33.27 Aa	33.42 Aa	2.87	2.88
F_{2-1}（猪大肠×大羊角椒）（R）	11.72 Ab	34.17 Aa	34.22 Aa	2.92	2.92
F_{2-2}（猪大肠×大羊角椒）（R）	11.67 Ab	33.12 Aa	34.23 Aa	2.84	2.93

（续表）

品种	酶活性（mmol/s）			酶活提高倍数（接蚜后/接蚜前）	
	未接蚜	接蚜初期	接蚜后期	接蚜初期	接蚜后期
F$_{2-3}$（猪大肠×大羊角椒）（R）	11.37 Ab	34.18 Aa	34.32 Aa	3.01	3.02
F$_{2-4}$（猪大肠×大羊角椒）（R）	11.60 Ab	33.17 Aa	33.38 Aa	2.86	2.88
F$_{2-5}$（猪大肠×大羊角椒）（R）	11.90 Ab	33.17 Aa	33.48 Aa	2.79	2.81
F$_{2-6}$（猪大肠×大羊角椒）（R）	11.78 Ab	33.12 Aa	33.72 Aa	2.81	2.86
F$_{2-7}$（猪大肠×大羊角椒）（R）	11.42 Ab	34.17 Aa	34.32 Aa	2.99	3.01
F$_{2-8}$（猪大肠×大羊角椒）（R）	11.47 Ab	33.12 Aa	34.33 Aa	2.89	2.99
F$_{2-9}$（猪大肠×大羊角椒）（R）	11.37 Ab	34.18 Aa	34.52 Aa	3.01	3.04
F$_{2-10}$（猪大肠×大羊角椒）（R）	11.36 Ab	33.37 Aa	33.58 Aa	2.94	2.96
F$_{2-1}$（大羊角椒×猪大肠）（R）	11.39 Ab	33.37 Aa	33.52 Aa	2.93	2.94
F$_{2-2}$（大羊角椒×猪大肠）（R）	11.38 Ab	33.22 Aa	33.62 Aa	2.92	2.95
F$_{2-3}$（大羊角椒×猪大肠）（R）	11.32 Ab	34.07 Aa	34.62 Aa	3.01	3.06
F$_{2-4}$（大羊角椒×猪大肠）（R）	11.37 Ab	33.12 Aa	34.43 Aa	2.91	3.03
F$_{2-5}$（大羊角椒×猪大肠）（R）	11.37 Ab	34.18 Aa	34.52 Aa	3.01	3.04
F$_{2-6}$（大羊角椒×猪大肠）（R）	11.36 Ab	33.37 Aa	33.58 Aa	2.94	2.96
F$_{2-7}$（大羊角椒×猪大肠）（R）	11.39 Ab	33.37 Aa	33.68 Aa	2.93	2.96
F$_{2-8}$（大羊角椒×猪大肠）（R）	11.28 Ab	33.42 Aa	33.72 Aa	2.96	2.99
F$_{2-9}$（大羊角椒×猪大肠）（R）	11.32 Ab	34.27 Aa	34.72 Aa	3.03	3.07
F$_{2-10}$（大羊角椒×猪大肠）（R）	11.37 Ab	33.22 Aa	34.32 Aa	2.92	3.02
F$_{2-1}$（猪大肠×大羊角椒）（S）	12.06 Aa	15.07 Ba	15.12 Ba	1.25	1.25
F$_{2-2}$（猪大肠×大羊角椒）（S）	12.02 Aa	15.62 Ba	15.85 Ba	1.30	1.32
F$_{2-3}$（猪大肠×大羊角椒）（S）	12.03 Aa	17.18 Ba	17.53 Ba	1.43	1.46
F$_{2-4}$（猪大肠×大羊角椒）（S）	11.39 Aa	15.23 Ba	15.77 Ba	1.34	1.38
F$_{2-5}$（猪大肠×大羊角椒）（S）	12.37 Aa	16.42 Ba	16.95 Ba	1.33	1.37
F$_{2-6}$（猪大肠×大羊角椒）（S）	11.78 Aa	17.22 Ba	17.32 Ba	1.46	1.47
F$_{2-7}$（猪大肠×大羊角椒）（S）	12.16 Aa	16.07 Ba	16.12 Ba	1.32	1.33
F$_{2-8}$（猪大肠×大羊角椒）（S）	12.12 Aa	15.62 Ba	15.85 Ba	1.29	1.31
F$_{2-9}$（猪大肠×大羊角椒）（S）	12.13 Aa	16.18 Ba	16.53 Ba	1.33	1.36
F$_{2-10}$（猪大肠×大羊角椒）（S）	11.59 Aa	15.03 Ba	15.17 Ba	1.30	1.31
F$_{2-1}$（大羊角椒×猪大肠）（S）	12.17 Aa	16.42 Ba	16.45 Ba	1.35	1.35
F$_{2-2}$（大羊角椒×猪大肠）（S）	11.68 Aa	17.02 Ba	17.13 Ba	1.46	1.47
F$_{2-3}$（大羊角椒×猪大肠）（S）	12.06 Aa	16.07 Ba	16.22 Ba	1.33	1.34
F$_{2-4}$（大羊角椒×猪大肠）（S）	12.02 Aa	15.62 Ba	14.85 Ba	1.30	1.24
F$_{2-5}$（大羊角椒×猪大肠）（S）	12.03 Aa	16.18 Ba	16.53 Ba	1.34	1.37

（续表）

品种	酶活性（mmol/s）			酶活提高倍数（接蚜后/接蚜前）	
	未接蚜	接蚜初期	接蚜后期	接蚜初期	接蚜后期
F$_{2-6}$（大羊角椒×猪大肠）（S）	11.39 Aa	15.31 Ba	15.77 Ba	1.34	1.38
F$_{2-7}$（大羊角椒×猪大肠）（S）	12.37 Aa	15.42 Ba	15.95 Ba	1.25	1.29
F$_{2-8}$（大羊角椒×猪大肠）（S）	11.39 Aa	16.32 Ba	15.77 Ba	1.43	1.38
F$_{2-9}$（大羊角椒×猪大肠）（S）	12.07 Aa	15.42 Ba	15.95 Ba	1.28	1.32
F$_{2-10}$（大羊角椒×猪大肠）（S）	12.06 Aa	15.07 Ba	15.12 Ba	1.25	1.25

注：显著性差异分析采用One-Way ANOVA-Fisher中的LSD方法，所有数据均为3个生物学重复的平均值，显著性检测水平为 α=0.05。不同的大写字母表示同样处理的PPO酶活力在不同植株上差异显著，不同的小写字母表示同一植株在接蚜前后PPO酶活力差异显著。以下相同

2.2.2.3　蚜虫侵害前后抗、感蚜辣椒植株叶组织内POD活性变化

结果（表2-8）表明，无论对于辣椒亲本及其F$_1$、F$_2$代群体，抗蚜品种在接蚜初期和后期植株叶组织内POD活性并无显著差异，但与未接蚜相比均显著升高（$P<0.05$），升高倍数在2.00~2.31倍，而感蚜品种POD活性在接蚜前后均无显著差异（$P<0.05$）。此外，接蚜前抗、感蚜辣椒品种PPO活性也无显著差异，而抗蚜品种接蚜初期、后期叶组织内PPO活性均分别显著高于感蚜品种（$P<0.05$）。

表2-8　蚜虫侵害前后抗、感蚜辣椒品种叶组织内POD活性变化

品种	酶活性（mmol/s）			酶活提高倍数（接蚜后/接蚜前）	
	未接蚜	接蚜初期	接蚜后期	接蚜初期	接蚜后期
猪大肠（HR）	2.64 Ab	5.66 Aa	5.73 Aa	2.14	2.17
大羊角椒（HS）	2.59 Ab	3.17 Ba	3.19 Ba	1.22	1.23
F$_1$（猪大肠×大羊角椒）（HR）	2.64 Ab	5.78 Aa	5.89 Aa	2.19	2.23
F$_1$（大羊角椒×猪大肠）（HR）	2.62 Ab	5.76 Aa	5.79 Aa	2.20	2.21
F$_{2-1}$（猪大肠×大羊角椒）（R）	2.63 Ab	5.82 Aa	5.96 Aa	2.21	2.27
F$_{2-2}$（猪大肠×大羊角椒）（R）	2.62 Ab	5.76 Aa	5.76 Aa	2.20	2.20
F$_{2-3}$（猪大肠×大羊角椒）（R）	2.65 Ab	5.33 Aa	5.66 Aa	2.01	2.14
F$_{2-4}$（猪大肠×大羊角椒）（R）	2.58 Ab	5.69 Aa	5.72 Aa	2.21	2.22
F$_{2-5}$（猪大肠×大羊角椒）（R）	2.56 Ab	5.46 Aa	5.42 Aa	2.13	2.12
F$_{2-6}$（猪大肠×大羊角椒）（R）	2.53 Ab	5.21 Aa	5.52 Aa	2.06	2.18
F$_{2-7}$（猪大肠×大羊角椒）（R）	2.53 Ab	5.22 Aa	5.62 Aa	2.06	2.22
F$_{2-8}$（猪大肠×大羊角椒）（R）	2.58 Ab	5.66 Aa	5.73 Aa	2.19	2.22
F$_{2-9}$（猪大肠×大羊角椒）（R）	2.62 Ab	5.43 Aa	5.46 Aa	2.07	2.08

（续表）

品种	酶活性（mmol/s）			酶活提高倍数（接蚜后/接蚜前）	
	未接蚜	接蚜初期	接蚜后期	接蚜初期	接蚜后期
F_{2-10}（猪大肠×大羊角椒）（R）	2.52 Ab	5.18 Aa	5.22 Aa	2.06	2.07
F_{2-1}（大羊角椒×猪大肠）（R）	2.56 Ab	5.16 Aa	5.12 Aa	2.02	2.00
F_{2-2}（大羊角椒×猪大肠）（R）	2.53 Ab	5.21 Aa	5.52 Aa	2.06	2.18
F_{2-3}（大羊角椒×猪大肠）（R）	2.53 Ab	5.32 Aa	5.36 Aa	2.10	2.12
F_{2-4}（大羊角椒×猪大肠）（R）	2.58 Ab	5.46 Aa	5.53 Aa	2.12	2.14
F_{2-5}（大羊角椒×猪大肠）（R）	2.45 Ab	5.33 Aa	5.66 Aa	2.18	2.31
F_{2-6}（大羊角椒×猪大肠）（R）	2.42 Ab	5.31 Aa	5.52 Aa	2.19	2.28
F_{2-7}（大羊角椒×猪大肠）（R）	2.46 Ab	5.36 Aa	5.42 Aa	2.18	2.20
F_{2-8}（大羊角椒×猪大肠）（R）	2.43 Ab	5.21 Aa	5.52 Aa	2.14	2.27
F_{2-9}（大羊角椒×猪大肠）（R）	2.56 Ab	5.66 Aa	5.62 Aa	2.21	2.20
F_{2-10}（大羊角椒×猪大肠）（R）	2.53 Ab	5.21 Aa	5.52 Aa	2.06	2.18
F_{2-1}（猪大肠×大羊角椒）（S）	2.59 Aa	3.47 Ba	3.49 Ba	1.34	1.35
F_{2-2}（猪大肠×大羊角椒）（S）	2.53 Aa	3.77 Ba	3.76 Ba	1.49	1.49
F_{2-3}（猪大肠×大羊角椒）（S）	2.47 Aa	3.56 Ba	3.58 Ba	1.44	1.45
F_{2-4}（猪大肠×大羊角椒）（S）	2.39 Aa	3.19 Ba	3.19 Ba	1.33	1.33
F_{2-5}（猪大肠×大羊角椒）（S）	2.43 Aa	3.62 Ba	3.69 Ba	1.49	1.52
F_{2-6}（猪大肠×大羊角椒）（S）	2.56 Aa	3.11 Ba	3.17 Ba	1.21	1.24
F_{2-7}（猪大肠×大羊角椒）（S）	2.59 Aa	3.17 Ba	3.19 Ba	1.22	1.23
F_{2-8}（猪大肠×大羊角椒）（S）	2.53 Aa	3.27 Ba	3.36 Ba	1.29	1.33
F_{2-9}（猪大肠×大羊角椒）（S）	2.47 Aa	3.46 Ba	3.48 Ba	1.40	1.41
F_{2-10}（猪大肠×大羊角椒）（S）	2.29 Aa	3.09 Ba	3.19 Ba	1.35	1.39
F_{2-1}（大羊角椒×猪大肠）（S）	2.43 Aa	3.26 Ba	3.19 Ba	1.34	1.31
F_{2-2}（大羊角椒×猪大肠）（S）	2.36 Aa	3.51 Ba	3.47 Ba	1.49	1.47
F_{2-3}（大羊角椒×猪大肠）（S）	2.39 Aa	3.17 Ba	3.19 Ba	1.33	1.33
F_{2-4}（大羊角椒×猪大肠）（S）	2.43 Aa	3.27 Ba	3.24 Ba	1.35	1.33
F_{2-5}（大羊角椒×猪大肠）（S）	2.37 Aa	3.16 Ba	3.14 Ba	1.33	1.32
F_{2-6}（大羊角椒×猪大肠）（S）	2.29 Aa	3.19 Ba	3.21 Ba	1.39	1.40
F_{2-7}（大羊角椒×猪大肠）（S）	2.53 Aa	3.12 Ba	3.19 Ba	1.23	1.26
F_{2-8}（大羊角椒×猪大肠）（S）	2.46 Aa	3.21 Ba	3.27 Ba	1.30	1.33
F_{2-9}（大羊角椒×猪大肠）（S）	2.43 Aa	3.12 Ba	3.19 Ba	1.28	1.31
F_{2-10}（大羊角椒×猪大肠）（S）	2.36 Aa	3.11 Ba	3.17 Ba	1.32	1.34

2.2.3　小结

（1）发现猪大肠和大羊角椒正反杂交后代F_1表型均没有出现抗感性分离，表现为高抗（HR）。F_1自交所得F_2表型出现抗、感性分离，抗蚜与感蚜植株分离比经χ^2测验符合3∶1分离规律，表明辣椒抗蚜性由显性单基因控制，能够稳定遗传。

（2）抗蚜亲本猪大肠、正反杂交F_1代及其自交F_2代抗蚜植株叶组织内PPO和POD活性在受蚜虫侵害后均显著提高，而感蚜亲本及正反杂交F_2代感蚜植株叶组织内POD和PPO活性在蚜害前后无显著差异，POD和PPO活性增加幅度与辣椒抗蚜性显著相关，为深入开展辣椒抗蚜育种及抗蚜机理研究奠定了基础。

2.3　辣椒抗蚜性的生理生化基础

2.3.1　材料与方法

2.3.1.1　供试品种

选用经抗性鉴定对桃蚜（*M. persicae*）的抗性表现稳定的高抗品种凉椒一号、猪大肠、都椒一号和新丰五号，抗性品种苗丰三号和中椒六号，高感品种大羊角椒、砀椒一号、湘研9402和渝椒五号，感性品种保椒二号和泰国正椒三号作为代表性试验材料。

2.3.1.2　供试蚜虫

供试蚜虫同第一节辣椒品种抗蚜性鉴定。

2.3.1.3　试验方法

（1）氨基酸的定量测定。采用茚三酮法，准确称取新鲜辣椒叶片0.5g，剪碎至2mm以下，放入具塞大试管中，然后加入5ml无氨水并加热至沸后转移至50ml容量瓶中，并用蒸馏水洗后定容至刻度，摇匀后待测。

吸取提取液1ml于具塞刻度试管中，加入1ml 0.2M柠檬酸缓冲液（pH值5.0）和1ml 0.05M茚三酮，摇匀后加热煮沸15min，冷却后加3ml 60%乙醇，摇匀，然后在570nm波长下比色测定，记录消光值，并在标准曲线上查出氨基酸的含量（以亮氨酸为标准）。

（2）含糖量测定。采用蒽酮法，准确称取新鲜辣椒叶片1g，剪碎至2mm以下，放入50ml三角瓶中，加沸水25ml，在水浴中加盖煮沸10min，冷却后过滤，滤液收集在50ml容量瓶中，并用蒸馏水洗后定容至刻度，再用蒸馏水稀释1倍后摇匀测定。

吸取2ml已稀释的提取液于大试管中，加入0.5ml蒽酮试剂（1g蒽酮溶入乙酸乙酯中），再加入5ml浓硫酸，摇匀，10min后在620nm波长下比色测定，记录消光值，并在标准曲线上查出葡萄糖的含量。

（3）含氮量的测定。采用蛋白质考马斯亮蓝G-250法，准确称取新鲜辣椒叶片1g，放入研钵中加2ml蒸馏水研成匀浆，转移离心管中，再用8ml蒸馏水分次洗涤研钵，洗涤液收集于同一离心管中，放置30min至1h充分提取，然后在4 000转/min离心20min，弃去沉淀，留上清液转入量瓶，以蒸溜水定容至10ml待测。

吸取提取液0.1ml于具塞刻度试管中，加入5ml考马斯亮蓝G-250蛋白试剂（100mg考马斯亮蓝G-250溶入50ml 95%乙醇中，加入85%（W/V）磷酸100ml，然后用蒸馏水定容至1 000ml），充分混合，放置2min后在595nm波长下比色测定，记录消光值，并在标准曲线上查出蛋白质的含量，然后再计算氮的含量〔样品N%=（查表所得蛋白质量×稀释倍数×100×16%）/样品重〕。

（4）脯氨酸含量的测定。采用酸性茚三酮法，准确称取新鲜辣椒叶片0.5g，剪碎至2mm以下，放入具塞大试管中，加入5ml 3%磺基水杨酸，摇匀后浸入沸水浴中提取10min。取出，待管冷却且叶片全部沉淀后，取上清液2ml于具塞刻度试管中，并加入2ml冰醋酸和2ml酸性茚三酮（1.25g茚三酮溶入30ml冰醋酸和20ml 6M磷酸溶液中），摇匀加塞后在沸水浴中加热30min。取出并待管冷却后加入4ml甲苯，振荡30min，静置，分层后取红色上层液在520nm波长下比色测定，记录消光值，并在标准曲线上查出脯氨酸的含量。

（5）维生素C（Vc）的定量测定。采用2,4-二硝基苯肼法，准确称取新鲜辣椒叶片1g，放入研钵中加1ml 1%草酸研成匀浆后用1%草酸定容至50ml，最后过滤离心得上清液。取上清液1ml，加入1ml 2%2,4-二硝基苯肼，室温下反应30min后加入85%硫酸和1%硫脲，混匀后室温下放置30min，然后在490nm波长下比色测定，记录消光值，并在标准曲线上查出维生素C的含量。

（6）游离酚含量测定。采用儿茶酚比色法。

①游离酚的提取。分别称取抗、感蚜虫辣椒品种相同部叶龄和大小基本一致嫩叶、功能叶和老叶（分枝以下的叶片）各1g，每样加20ml乙醇，2ml10%三氯乙酸，于研钵中匀浆，将匀浆液全部转入50ml容量瓶中，用10%三氯乙酸洗涤研钵并定容到刻度。静置0.5h，用垫有滤纸的玻璃漏斗过滤，收集滤液于试管中。

②游离酚含量测定。参考中国农业大学植物生物化学教研室出版的《基础生物化学实验》的儿茶酚比色法。每种叶龄重复3次。

（7）辣椒碱含量测定：采用亚硝酸钠比色法。

①辣椒碱的提取。分别称取抗感蚜虫辣椒品种相同部叶龄和大小基本一致嫩叶、功能叶和老叶（分枝以下的叶片）各5g，用5ml超纯水在常温下研磨成匀浆

后加入5ml氯仿在65℃下提取1h时后10 000r/min离心10min，收集氯仿上清液，加入1倍体积的无水乙醇后摇匀，在4℃以下静置1h，收集乙醇萃取液并浓缩至5ml备用。

②辣椒碱含量测定。参考并改进杨玉珍等的方法，采用香兰素代替标准品辣椒碱，用亚硝酸钠比色法做标准曲线并测定辣椒碱含量。

（8）酶活性测定。

①辣椒叶组织中酶液提取。在抗、感品种4～6叶期，分别取接虫前及接虫初期和后期新鲜叶片鲜重1g，加2ml蒸馏水，在冰浴中研磨，然后5 000r/min离心20min，上清液转入量瓶，以蒸馏水稀释至10ml，置冰箱中保存，用于PPO、POD和AsA-POD的活性测定和同功酶电泳。

②供试桃蚜酶液提取。

A.用于羧酸酯酶（CarE）活性的终点测定的酶液提取。取10头体色均匀、大小一致的雌若蚜放在研钵中，加1ml 0.04mol/L、pH值7.0磷酸盐缓冲液匀浆。取匀浆液0.2ml，加入1.8ml 0.04mol，pH值7.0磷酸盐缓冲液，混匀后置4℃冰箱中保存，用于β-NA羧酸酯酶活性的终点测定和蛋白质总量测定。

B.用于CarE活性的动力学测定的酶液提取。取1头体色均匀、大小一致的雌若蚜放在研钵中，加50μl 0.2mol/L、pH值6.0的磷酸盐缓冲液研磨成匀浆后置4℃冰箱中保存备用。

③酶活性测定。

A.辣椒叶组织中酶活性测定

多酚氧化酶（PPO）：在小试管中依次加入0.02mol/L邻苯二酚溶液1.5ml，0.05mol/L pH值6.8磷酸缓冲液1.5ml，酶液0.5ml；另取一小试管，加前2种溶液，不加酶液作为对照。在30℃下反应2min，398nm波长下测D_{398}值。

过氧化物酶（POD）：在小试管中依次加入0.2mol/L pH值5.0醋酸缓冲液1.95ml，1g/L邻甲氧基苯酚1ml，酶液0.5ml，0.08%的过氧化氢溶液1ml，而对照试管将过氧化氢溶液改为1ml蒸馏水。从加入过氧化氢的那一刻开始计时，60min时在470nm波长下测D_{470}值。

抗坏血酸过氧化物酶（AsA-POD）：在小试管中依次加入2ml 50mmol/LK_2HPO_4-KH_2PO_4缓冲液（pH值7.0），1ml AsA，酶液0.5ml，1ml 0.06%过氧化氢溶液，而对照将过氧化氢溶液改为1ml蒸馏水。加入过氧化氢溶液后立即在20℃下测定10～30s内的D_{290}值的变化，计算酶活性。

B.CarE活性的测定法

终点测定法：参照高希武和郑炳宗（1988）的方法。在3.6ml 0.03M的β-NA溶液中，加0.95ml 0.04mol，pH值7.0磷酸盐缓冲液及0.05ml酶液，充分混匀后在

30℃水浴中保温15min，加入1ml DBLS试剂（1%固蓝B水溶液与5%十二烷基磺酸钠水溶液以2∶5混合），15min后在555nm波长下测定其光密度值。

动力学测定法：取50μl酶液加入100μl β-NA和固蓝B盐混合液（0.03M的β-NA溶液与1%固蓝B盐水溶液以3.6∶1混合），在721型分光光计555nm波长下每隔10s（抗性品系）或30s（敏感品系）读一次光密度值直到1min（抗性品系）或5min（敏感品系），然后将时间与光密度值作图，求出线性部分的斜率，即以反应的初速度作为酶活性。

上述3种酶活性测定均重复3次，取3次重复平均值作统计分析。相关系数（R）为接虫后期酶活提高倍数与抗性级别的相关程度。显著性差异分析采用Tukey方法，小写字母和大写字母分别表示在α=0.05和α=0.01水平上显著。标有相同小写或大写字母的表示不显著，标有不相同小写或大写字母的表示显著。

C.辣椒叶组织中同功酶电泳：垂直板聚丙烯酰胺凝胶电泳法。

PPO：用质量浓度100g/L分离胶和40g/L浓缩胶，电极缓冲液为pH值8.75的Gly-Tris，分别取抗、感品种4~6叶期接虫前和接虫后期酶液各20μl，4℃下电泳约需4h。染色液为100ml的0.01mol/L邻苯二酚，0.2mol/L磷酸钾（pH值7.0），质量浓度0.5g/L对苯二胺，染色10min。然后用100ml 0.001mol/L维生素C停止反应。5min显带后用清水冲洗脱色。

POD：用质量浓度70g/L分离胶和40g/L浓缩胶，电极缓冲液为pH值8.3的Gly-Tris，分别取抗、感品种4~6叶期接虫前和接虫后期酶液各20μl，4℃下电泳约需4h。染色液为联苯胺溶液：2g联苯胺溶于18ml冰醋酸，然后加入72ml蒸馏水配制成联苯胺母液。吸取5ml联苯胺母液，加入2ml 130g/L H_2O_2，再加入93ml蒸馏水，在室温下染色10min，显带后用清水冲洗脱色。

（9）蛋白质总量测定。采用考马斯亮蓝G-250法，取酶液0.1ml于具塞刻度试管中，加入5ml考马斯亮蓝G-250蛋白试剂（100mg考马斯亮蓝G-250溶入50ml 95%乙醇中，加入85%（W/V）磷酸100ml，然后用蒸馏水定容至1 000ml），充分混匀后1h内在595nm波长下测定其光密度值，并在标准曲线上查出蛋白质的含量。

2.3.2　结果与分析

2.3.2.1　抗、感蚜虫辣椒品种叶组织中游离氨基酸含量测定与比较

抗、感蚜虫辣椒品种叶组织中游离氨基酸含量测定结果（表2-9）表明，抗蚜辣椒品种较感蚜辣椒品种叶组织中游离氨基酸含量低，前者游离氨基酸含量均小于144mg/100g，而后者游离氨基酸含量均大于158mg/100g，后者叶组织中游离

氨基酸含量是前者的1.1~2.9倍（保椒二号/苗丰三号—砀椒一号/中椒六号），两者差异显著。上述结果在高抗与高感蚜虫辣椒品种间的差异尤为显著。

2.3.2.2 抗、感蚜虫辣椒品种叶组织中可溶性糖、氮含量及其糖/氮比测定与比较

抗、感蚜虫辣椒品种叶组织中可溶性糖、氮含量及其糖/氮比测定结果（表2-9）表明，抗蚜辣椒品种较感蚜辣椒品种叶组织中含有较多的可溶性糖、较低的氮和较高的糖/氮比，前者的可溶性糖含量平均值均大于17.60mg/100g，平均含氮量均小于27.62 mg/100g，平均糖/氮比均大于0.7。除感蚜辣椒品种泰国正椒三号外，后者的可溶性糖含量平均值均小于16.45mg/100g，平均氮含量均大于28.2mg/100g，平均糖/氮比均小于0.54，前者的可溶性糖含量是后者的1.1~1.3倍（都椒一号/湘研9402—凉椒一号/保椒二号），后者的平均含氮量是前者的1.0~1.7倍（保椒二号/苗丰三号—湘研9402/中椒六号），前者的糖/氮比是后者的1.3~2.0倍（苗丰三号/特大羊角椒—中椒六号/渝椒五号），两者的可溶性糖、氮和糖/氮比差异显著。上述结果在高抗与高感蚜虫辣椒品种间差异尤为显著。感蚜虫辣椒品种泰国正椒三号的可溶性糖含量虽然偏高（19.913mg/100g），但其氮含量（35.06mg/100g）显著高于各供试抗蚜辣椒品种，其糖/氮比（0.57）也显著小于各供试抗蚜虫辣椒品种。

2.3.2.3 抗、感蚜虫辣椒品种叶组织中游离脯胺酸含量测定与比较

抗、感蚜虫辣椒品种叶组织中游离脯胺酸含量测定结果（表2-9）表明，高抗蚜虫辣椒品种游离脯胺酸含量显著低于高感蚜虫辣椒品种，前者游离脯胺酸含量最低值为猪大肠2.58mg/100g，最高值为都椒一号3.94mg/100g，后者游离脯胺酸含量最低值为砀椒一号5.66mg/100g，最高值为特大羊角椒7.518mg/100g，高感蚜虫辣椒品种游离脯胺酸含量是高抗蚜虫辣椒品种的1.4~2.9倍（砀椒一号/都椒一号—特大羊角椒/猪大肠）。而抗、感蚜虫辣椒品种间游离脯胺酸含量差异不显著，但抗蚜辣椒品种与高感蚜虫辣椒品种游离脯胺酸含量差异显著。

2.3.2.4 抗、感蚜虫辣椒品种叶组织中维生素C（Vc）含量测定与比较

抗、感蚜虫辣椒品种叶组织中维生素C（Vc）含量测定结果（表2-9）表明，除抗蚜辣椒品种中椒六号和感蚜辣椒品种保椒二号外，抗、感蚜虫辣椒品种叶组织中Vc含量差异显著。高抗和抗蚜虫辣椒品种叶组织中Vc含量均小于49.4mg/100g，高感和感蚜虫辣椒品种叶组织中Vc含量均大于58.9mg/100g，后者是前者的1.2~2.6倍（泰国正椒三号/都椒一号—特大羊角椒/苗丰三号）。其中高

抗蚜虫辣椒品种凉椒一号、猪大肠和抗蚜虫辣椒品种苗丰三号叶组织中Vc含量分别为32.04mg/100g、34.47mg/100g和27.55mg/100g，与高感和感蚜虫辣椒品种叶组织中Vc含量间的差异尤为显著。

表2-9　抗、感辣椒品种叶组织中游离氨基酸、糖、氮、脯胺酸、Vc含量及糖/氮比测定结果

品种	平均氨基酸含量（mg/100g）	平均糖量（mg/100g）	平均含氮量（mg/100g）	平均糖/氮比	平均脯胺酸含量（mg/100g）	平均Vc含量（mg/100g）
凉椒一号（HR）	113.30aA	19.52Aa	21.61A	0.90aA	3.40aA	32.04Aa
猪大肠（HR）	118.09aA	18.76Aa	22.41Aa	0.84aA	2.58aA	34.47Aa
都椒一号（HR）	110.16aA	18.10Aa	22.76Aa	0.80aA	3.51aA	49.27Bb
新丰五号（HR）	119.53aA	17.63Aa	20.65Aa	0.85aA	3.94aA	49.39Bb
中椒六号（R）	107.35aA	18.42Aa	19.76Aa	0.93aA	4.91bB	62.26Cc
苗丰三号（R）	143.52bB	19.47Aa	27.62Bb	0.70bB	4.99bB	27.55Aa
砀椒一号（HS）	307.45cC	15.68Bb	32.23Cc	0.49cC	5.66cC	58.98Cc
大羊角椒（HS）	180.98dD	15.22Bb	28.31Bb	0.54cC	7.52dD	72.94DdCc
湘研9402（HS）	194.52dD	16.44Bb	34.37Cc	0.48cC	6.24dDcC	68.33DdCc
渝椒五号（HS）	214.48dD	15.05Bb	32.95Cc	0.46cC	5.76cC	59.03Cc
保椒二号（S）	158.97dD	14.71Bb	28.23Bb	0.52cC	5.07cC	49.64Bb
泰国正椒三号（S）	161.43dD	19.91Aa	35.06Cc	0.57cC	5.02cCbB	58.62Cc

　　注：表中数字为3次重复平均值。HR：高抗；R：抗；HS：高感；S：感；采用Tukey显著性差异分析，小写字母和大写字母表示在a=0.05和a=0.01水平上显著。标有相同小写或大写字母的表示不显著，否则表示显著。以下相同

2.3.2.5　抗、感蚜虫辣椒品种叶组织中游离酚含量测定与比较

　　抗、感蚜虫辣椒品种叶组织中游离酚含量测定结果（表2-10）表明，抗蚜虫辣椒品种游离酚含量均显著高于感蚜虫辣椒品种，前者嫩叶、功能叶和老叶中游离酚含量分别为2.52～2.58mg/g、2.82～2.98mg/g和3.00～3.15mg/g，而后者嫩叶、功能叶和老叶中游离酚含量仅分别为1.02～1.09mg/g、1.26～1.38mg/g和1.44～1.68mg/g，说明辣椒抗蚜性与叶组织中游离酚含量显著相关。

2.3.2.6　抗、感蚜虫辣椒品种叶组织中辣椒碱含量测定与比较

　　抗、感蚜虫辣椒品种叶组织中辣椒碱含量测定结果（表2-10）表明，抗蚜虫辣椒品种辣椒碱含量均显著高于感蚜虫辣椒品种，前者嫩叶、功能叶和老叶中辣椒碱含量分别为3.03～3.19mg/g、3.81～3.99mg/g和4.08～4.59mg/g，而后者嫩叶、功能叶和老叶中游离酚含量仅分别为1.06～1.17mg/g、1.36～1.49mg/g和1.55～1.59mg/g，说明辣椒抗蚜性与叶组织中辣椒碱含量显著相关。

表2-10　抗、感辣椒品种叶组织中游离酚与辣椒碱含量测定结果

品种	平均游离酚含量（mg/g）			平均辣椒碱含量（mg/g）		
	嫩叶	功能叶	老叶	嫩叶	功能叶	老叶
凉椒一号（HR）	2.52aA	2.82aA	3.03aA	3.05aA	3.89aA	4.32aA
猪大肠（HR）	2.52aA	2.92aA	3.00aA	3.12aA	3.98aA	4.12aA
都椒一号（HR）	2.56aA	2.96aA	3.15aA	3.09aA	3.91aA	4.39aA
新丰五号（HR）	2.53aA	2.95aA	3.09aA	3.06aA	3.94aA	4.18aA
中椒六号（R）	2.55aA	2.95aA	3.05aA	3.03aA	3.81 aA	4.08aA
苗丰三号（R）	2.58aA	2.98aA	3.12aA	3.19aA	3.99aA	4.59aA
砀椒一号（HS）	1.02bB	1.29bB	1.46bB	1.06bB	1.36bB	1.55bB
大羊角椒（HS）	1.08bB	1.36bB	1.68bB	1.12bB	1.45bB	1.59bB
湘研9402（HS）	1.09bB	1.35bB	1.59bB	1.16bB	1.49bB	1.59bB
渝椒五号（HS）	1.08bB	1.29bB	1.44bB	1.06bB	1.38bB	1.56bB
保椒二号（S）	1.07bB	1.38bB	1.63bB	1.17bB	1.47bB	1.59bB
泰国正椒三号（S）	1.03bB	1.26bB	1.63bB	1.12bB	1.42bB	1.58bB

2.3.2.7　蚜虫侵害前后抗、感蚜虫辣椒品种叶组织内PPO活性变化

从表2-11可以看出，抗、感辣椒品种叶组织内PPO活性在蚜虫侵害后均明显提高，但高抗和抗蚜品种较高感和感蚜品种反应更灵敏，在接虫初期其PPO活性即上升到一个很高水平，酶活性在接虫初期和后期均大于33.02mmol/s，分别较接虫前提高2.65～2.86倍和2.66～2.94倍；高感和感蚜品种PPO活性在接虫后虽有明显提高，但上升幅度较小，酶活性在接虫初期和后期均小于20.77mmol/s，仅分别较接虫前提高1.47～1.71倍和1.49～1.75倍，酶活性水平较低，明显低于高抗和抗蚜品种。相关分析表明，$R=0.956 > R_{0.01,1}=0.496$，辣椒受蚜虫侵害后叶组织内PPO活性的增强与辣椒抗蚜性极显著相关。

表2-11　蚜虫侵害前后抗、感蚜虫辣椒品种叶组织内PPO活性变化

品种	抗性级别	酶活性（mmol/s）			酶活提高倍数	
		接虫前	接虫初期	接虫后期	接虫初期	接虫后期
凉椒一号（HR）	1	12.72	34.07	34.42	2.68Aa	2.71Aa
猪大肠（HR）	1	11.67	33.02	34.30	2.83Aa	2.94Aa
都椒一号（HR）	1	12.37	34.18	34.42	2.76Aa	2.78Aa
新丰五号（HR）	1	12.60	33.37	33.48	2.65Aa	2.66Aa
中椒六号（R）	3	11.90	33.37	33.48	2.80Aa	2.81Aa
苗丰三号（R）	3	11.78	33.72	33.72	2.86Aa	2.86Aa
大羊角椒（HS）	9	11.78	18.20	18.43	1.54Bb	156Bb
砀椒一号（HS）	9	12.60	20.07	19.72	1.59Bb	1.56Bb

（续表）

品种	抗性级别	酶活性（mmol/s）			酶活提高倍数	
		接虫前	接虫初期	接虫后期	接虫初期	接虫后期
湘研9402（HS）	9	12.02	17.62	17.85	1.47Bb	1.49Bb
渝椒五号（HS）	9	12.13	20.18	20.53	1.66Bb	1.69Bb
保椒二号（S）	7	11.90	20.30	20.77	1.71Bb	1.75Bb
泰国正椒三号（S）	7	12.37	20.42	19.95	1.65Bb	1.61Bb

注：表中数字为3次重复平均值。HR：高抗；R：抗；HS：高感；S：感；相关系数（R）为接虫后期酶活提高倍数与抗性级别的相关程度。以下相同。$R=0.956>R_{0.01, 1}=0.496$，为极显著相关

2.3.2.8　蚜虫侵害前后抗、感蚜虫辣椒品种叶组织内POD活性变化

从表2-12可以看出，抗、感品种叶组织内POD活性在蚜虫侵害前后均有变化，高抗和抗蚜品种在接虫后POD活性立即上升到一个很高的水平，酶活性在接虫初期和后期均大于5.11mmol/s，分别较接虫前提高2.01～2.11倍和2.06～2.69倍；高感和感蚜品种POD活性在接虫后虽也明显上升，但上升幅度不大，酶活性在接虫初期和后期均小于4.19mmol/s，仅分别较接虫前提高1.51～1.70倍和1.53～1.70倍，酶活性水平较低，明显低于高抗和抗蚜虫品种。相关分析表明，$R=0.794>R_{0.01, 1}=0.496$，辣椒受蚜虫侵害后叶组织内POD活性的增加与辣椒抗蚜性极显著相关。

表2-12　蚜虫侵害前后抗、感蚜虫辣椒品种叶组织内POD活性变化

品种	抗性级别	酶活性（mmol/s）			酶活提高倍数	
		接虫前	接虫初期	接虫后期	接虫初期	接虫后期
凉椒一号（HR）	1	2.63	5.82	6.06	2.22aA	2.31Aa
猪大肠（HR）	1	2.68	5.76	5.73	2.15Aa	2.13Aa
都椒一号（HR）	1	2.65	5.33	5.66	2.01Aa	2.14Aa
新丰五号（HR）	1	2.82	5.71	5.82	2.02Aa	2.06Aa
中椒六号（R）	3	2.66	5.36	5.62	2.01Aa	2.11Aa
苗丰三号（R）	3	2.43	5.11	6.52	2.11Aa	2.69Aa
大羊角椒（HS）	9	2.59	3.97	4.19	1.53Bb	1.62Bb
砀椒一号（HS）	9	2.43	3.77	4.06	1.55Bb	1.67Bb
湘研9402（HS）	9	2.47	3.96	4.00	1.60Bb	1.62Bb
渝椒五号（HS）	9	2.29	3.90	3.90	1.70Bb	1.70Bb
保椒二号（S）	7	2.73	4.12	4.19	1.51Bb	1.53Bb
泰国正椒三号（S）	7	2.56	3.91	3.97	1.53Bb	1.55Bb

注：$R=0.794>R_{0.01, 1}=0.496$，为极显著相关

2.3.2.9　蚜虫侵害前后抗、感蚜虫辣椒品种叶组织内AsA-POD活性变化

表2-13结果显示出，抗、感蚜虫品种叶组织内AsA-POD活性在蚜虫侵害后均快速上升，而高抗和抗蚜品种受到蚜虫为害后反应则更为灵敏，其AsA-POD活性在接虫后较高感和感蚜辣椒品种上升更快，AsA-POD活性在接虫后均大于0.252mol/s，较接虫前提高了2.25～3.5倍，而高感和感蚜品种AsA-POD活性在接虫后均小于0.182mol/s，较接虫前仅提高0.90～1.71倍。相关分析表明，$R=0.940>R_{0.01, 1}=0.496$，辣椒受蚜虫侵害后叶组织内AsA-POD活性的增强与辣椒抗蚜性极显著相关。

表2-13　蚜虫侵害前后抗、感蚜虫辣椒品种叶组织内AsA-POD活性变化

品种	抗性级别	酶活性（mol/s）			酶活提高倍数	
		接虫前	接虫初期	接虫后期	接虫初期	接虫后期
凉椒一号（HR）	1	0.084	0.294	0.273	3.5Aa	3.25Aa
猪大肠（HR）	1	0.098	0.273	0.294	2.79Aa	3.00Aa
都椒一号（HR）	1	0.091	0.287	0.266	3.15Aa	2.92Aa
新丰五号（HR）	1	0.098	0.294	0.301	3.00Aa	3.07Aa
中椒六号（R）	3	0.112	0.259	0.252	2.31Bb	2.25Bb
苗丰三号（R）	3	0.098	0.252	0.266	2.57Bb	2.71Aa
大羊角椒（HS）	9	0.105	0.161	0.154	1.53Cc	1.47Cc
砀椒一号（HS）	9	0.098	0.147	0.168	1.5Cc	1.71Cc
湘研9402（HS）	9	0.112	0.161	0.175	1.44Cc	1.56Cc
渝椒五号（HS）	9	0.140	0.168	0.126	1.2Cc	0.9Dd
保椒二号（S）	7	0.112	0.182	0.161	1.63Cc	1.44Cc
泰国正椒三号（S）	7	0.112	0.119	0.147	1.06dD	1.31Cc

注：$R=0.940>R_{0.01, 1}=0.496$，为极显著相关

2.3.2.10　蚜虫侵害前后抗、感蚜虫辣椒品种叶组织内POD同工酶谱带的变化

从图2-1可以看出，高抗和抗蚜品种在蚜虫侵害前后一直保持着较多的POD同工酶谱带，而且酶谱带在蚜虫侵害前后没有变化，均为5条，没有新谱带的出现；而高感和感蚜辣椒品种在蚜虫侵害前后POD同工酶谱带均有变化。接虫前其POD同工酶谱带与高抗和抗蚜品种相同，均为5条，但受蚜虫侵害后酶谱带数大大减少，原有的5条酶谱带有2条消失，均由蚜虫侵害前的5条减少到3条，且其中一条在正极区的酶谱带为痕迹量，酶谱带活性极微弱。

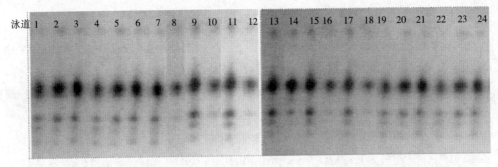

图2-1　蚜虫侵害前后抗、感蚜虫辣椒品种叶组织内POD同工酶谱

注：1、2.凉椒一号（HR）；3、4.猪大肠（HR）；5、6.都椒一号（HR）；7、8.大羊角椒（HS）；9、10.湘研9402（HS）；11、12.渝椒五号（HS）；13、14.砀椒一号（HS）；15、16.保椒二号（S）；17、18.泰国正椒三号（S）；19、20.新丰五号（HR）；21、22.苗丰三号（R）；23、24.中椒六号（1、3、5、7、9、11、13、15、17、19、21、23为接虫前期，2、4、6、8、10、12、14、16、18、20、22、24为接虫后期）

2.3.2.11　蚜虫侵害前后抗、感蚜虫辣椒品种叶组织内PPO同工酶谱带的变化

从图2-2可以看出，高抗和抗蚜品种在受蚜虫侵害前后一直保持着较多的PPO同工酶谱带，且在蚜虫侵害前后酶谱带没有变化，均为5条，也没有新谱带的出现；而高感和感蚜辣椒品种PPO同工酶谱带在蚜虫侵害前后均有变化。蚜虫侵害前其PPO同工酶谱带与高抗和抗蚜辣椒品种的PPO同工酶谱带相同，均为5条，但在蚜虫侵害后酶谱带数大大减少，原有的5条谱带有3条消失，均由蚜虫侵害前的5条减少到2条。

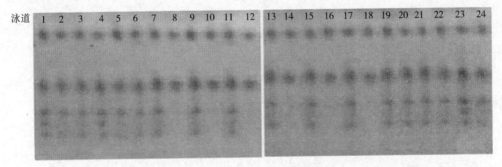

图2-2　蚜虫侵害前后抗、感蚜虫辣椒品种叶组织PPO同工酶谱

注：1、2.凉椒一号（HR）；3、4.猪大肠（HR）；5、6.都椒一号（HR）；7、8.大羊角椒（HS）；9、10.湘研9402（HS）；11、12.渝椒五号（HS）；13、14.砀椒一号（HS）；15、16.保椒二号（S）；17、18.泰国正椒三号（S）；19、20.新丰五号（HR）；21、22.苗丰三号（R）；23、24.中椒六号（1、3、5、7、9、11、13、15、17、19、21、23为接虫前期，2、4、6、8、10、12、14、16、18、20、22、24为接虫后期）

2.3.2.12 抗、感辣椒品种对桃蚜CarE活性的影响

（1）桃蚜不同品系CarE活性的终点测定与比较。从表2-14可以看出，取食不同辣椒品种叶片的桃蚜品系之间的β-NA羧酸酯酶活性明显不同。取食高抗和抗蚜辣椒品种叶片的桃蚜品系的β-NA羧酸酯酶活性均明显高于取食高感和感蚜辣椒品种叶片的桃蚜品系，高抗品系的β-NA羧酸酯酶活性均大于1.29OD·mg/pro·min，是烟草对照的1.48~1.93倍；抗蚜品系中椒六号和苗丰三号的β-NA羧酸酯酶活性分别为1.18OD·mg/pro·min和1.17OD·mg/pro·min，是烟草对照的1.36倍和1.34倍；而高感桃蚜品系的β-NA羧酸酯酶活性均小于1.00OD·mg/pro·min，感蚜桃蚜品系保椒二号和泰国正椒三号的β-NA羧酸酯酶活性也仅为1.01OD·mg/pro·min和1.06OD·mg/pro·min，抗、感蚜品系的β-NA羧酸酯酶活性间差异显著。

表2-14 桃蚜不同品系CarE活性的终点测定结果

品系	测定次数（n）	平均β-NA羧酸酯酶活性（OD·mg/pro·min）	Duncan显著性		与烟草的比值
			0.05	0.01	
凉椒一号（HR）	3	1.29	a	A	1.48
猪大肠（HR）	3	1.68	a	A	1.93
都椒一号（HR）	3	1.42	a	A	1.63
新丰五号（HR）	3	1.45	a	A	1.67
中椒六号（R）	3	1.18	a	A	1.36
苗丰三号（R）	3	1.17	a	A	1.34
砀椒一号（HS）	3	0.95	b	B	1.09
特大羊角椒（HS）	3	0.90	b	B	1.03
湘研9402（HS）	3	0.93	b	B	1.07
渝椒五号（HS）	3	0.97	b	B	1.11
保椒二号（S）	3	1.01	b	B	1.16
泰国正椒三号（S）	3	1.06	b	B	1.23
烟草对照（CK）	3	0.87	b	B	1.00

注：小写字母和大写字母表示在a=0.05和a=0.01水平上显著。标有相同小写或大写字母的表示不显著，否则表示显著

（2）桃蚜不同品系CarE活性的动力学测定与比较。表2-15桃蚜不同品系羧酸酯酶活性的动力学测定结果表明，取食不同辣椒品种叶片的桃蚜品系之间的β-NA羧酸酯酶活性同样存在很大的差异，取食高抗和抗蚜辣椒品种叶片的桃蚜品系的β-NA羧酸酯酶活性均大于24.36OD/min，是烟草对照的2.86~3.80倍；而取食高感和感蚜辣椒品种叶片的桃蚜品系的β-NA羧酸酯酶活性均小于15.05OD/

min，仅为烟草对照的1.34～1.77倍，两者间差异十分显著。

表2-15 桃蚜不同品系CarE活性的动力学测定结果

品系	测定次数（n）	平均β-NA羧酸酯酶活性（OD/min）	Duncan显著性 0.05	0.01	与烟草的比值
凉椒一号（HR）	104	32.34	a	A	3.80
猪大肠（HR）	104	26.92	a	A	3.16
都椒一号（HR）	104	25.67	a	A	3.02
新丰五号（HR）	104	24.69	a	A	2.90
中椒六号（R）	104	24.42	a	A	2.87
苗丰三号（R）	104	24.36	a	A	2.86
砀椒一号（HS）	104	11.43	b	B	1.34
特大羊角椒（HS）	104	13.71	b	B	1.61
湘研9402（HS）	104	14.05	b	B	1.65
渝椒五号（HS）	104	13.61	b	B	1.60
保椒二号（S）	104	15.05	b	B	1.77
泰国正椒三号（S）	104	14.61	b	B	1.72
烟草对照（CK）	104	8.51	b	B	1.00

（3）桃蚜不同品系CarE活性的个体频率分布与比较。以烟草对照羧酸酯酶活性小于20.00OD/min的个体频率分布为100%为标准，取食高抗蚜虫辣椒品种叶片的桃蚜品系的β-NA羧酸酯酶活性小于20.00OD/min的个体频率均小于25%，取食抗蚜辣椒品种叶片的桃蚜品系中椒六号和苗丰三号分别为48.08%和49.04%，而取食高感蚜虫辣椒品种叶片的桃蚜品系均大于92%，取食感蚜辣椒品种叶片的桃蚜品系保椒二号和泰国正椒三号分别为77.88%和73.08%。高抗桃蚜品系的β-NA羧酸酯酶活性小于20.00OD/min的个体频率与抗蚜、高感和感蚜品系之间，抗蚜桃蚜品系与高感和感蚜桃蚜品系之间，高感和感蚜桃蚜品系之间的差异均十分显著（表2-16）。

2.3.3 小结

（1）确定辣椒品种叶组织中游离氨基酸总量、总氮量、可溶性糖、游离脯胺酸、维生素C（Vc）、糖/氮比与辣椒抗蚜性相关，初步阐明了辣椒抗蚜性的营养防御基础。

（2）抗蚜辣椒品种嫩叶、功能叶和老叶中的游离酚和辣椒碱含量均显著高于感蚜辣椒品种，说明辣椒抗蚜性与叶组织中的游离酚和辣椒碱含量显著相关，初步阐明了辣椒抗蚜性的次生代谢物质防御基础。

（3）确定蚜虫侵害后辣椒叶组织内POD、PPO和AsA-POD活性的增加、POD同工酶、PPO同工酶谱的稳定性和抗感蚜虫辣椒品种对蚜虫羧酸酯酶活性的影响差异与辣椒抗蚜性显著相关，初步阐明了辣椒抗蚜性的酶学防御基础。

表2-16　桃蚜不同品系CarE活性的个体频率分布

品系	测定次数（n）	平均β-NA羧酸酯酶活性小于20.00OD/min的个体频率（%）	Duncan显著性	
			0.05	0.01
凉椒一号（HR）	104	23.08	a	A
猪大肠（HR）	104	22.12	a	A
都椒一号（HR）	104	24.04	a	A
新丰五号（HR）	104	24.04	a	A
中椒六号（R）	104	48.08	b	B
苗丰三号（R）	104	49.04	b	B
砀椒一号（HS）	104	92.31	c	C
特大羊角椒（HS）	104	100.00	c	C
湘研9402（HS）	104	93.27	c	C
渝椒五号（HS）	104	94.23	c	C
保椒二号（S）	104	77.88	d	D
泰国正椒三号（S）	104	73.08	d	D
烟草对照（HS）	104	100.00	c	C

2.4　与辣椒抗蚜性基因连锁的分子标记

2.4.1　材料与方法

2.4.1.1　供试辣椒品种

选用经抗性鉴定对桃蚜（*M.persicae*）的抗性表现稳定的高抗品种凉椒一号、猪大肠、都椒一号和新丰五号，抗性品种苗丰三号和中椒六号，高感品种大羊角椒、砀椒一号、湘研9402和渝椒五号，感性品种保椒二号和泰国正椒三号作为代表性试验材料。F_1代群体由猪大肠与大羊角椒单株杂交结实获得。F_2代群体由F_1代杂种单株自交结实获得。

2.4.1.2 试验方法

（1）总DNA提取与质量检测。取辣椒样品鲜嫩叶片3～5片，用蒸馏水清洗，吸水纸吸干，液氮冷冻脱水干燥并研磨成粉末。迅速将样品粉末分装于3～4管1.5ml离心管中，并迅速向各管中加入2×CTAB提取缓冲液500μl，轻轻摇匀后将各管于65℃水浴50min。取出向各管中加入氯仿-异戊醇（24：1）500μl，轻轻摇匀后10 000r/min离心20min。用1ml枪头轻轻吸取上清液加入到另一1.5ml离心管中，并在10 000r/min下再离心10min。用1ml枪头轻轻吸取上清液加入到另一1.5ml离心管中，加入500μl冷藏的异丙醇，轻摇，待絮状DNA成团后，挑出絮状DNA，用70%的乙醇洗涤3～4次，自然晾干，待酒精挥发后用100μl 0.1×TE溶解，并采用紫外分光光度法和琼脂糖凝胶电泳法对提取得到的DNA质量进行检测，根据OD_{260}/OD_{280}比值及琼脂糖凝胶电泳带谱确定总DNA提取质量和浓度。

（2）与辣椒抗蚜性基因连锁的RAPD标记的筛选与验证。采用Michelmore等的BSA方法进行，从F_2代抗、感群体中各选取10个症状明显的单株的DNA等量混合，构成一对抗虫和感虫基因池。以这两池DNA为模板，应用同一随机引物同时进行PCR扩增初步筛选引物。然后再以这两池DNA、两亲本、F_1代以及F_2代抗、感各一个单株DNA为模板，对所筛选出的具有多态性DNA片段的RAPD引物进行PCR扩增，筛选出与辣椒抗蚜性基因连锁的RAPD标记，经2～3次重复后再对用以构建抗虫和感虫混合基因池的20个F_2单株和12个供试抗、感品种进行PCR扩增进一步验证RAPD标记的可靠性。RAPD分析PCR反应体系为2.0μl 10×PCR Buffer，1.0μl 10mM dNTP Mixture，0.4μl 5U/μl r-Taq酶，1.0μl 20μM引物，1.2μl 25μM $MgCl_2$，2.0μl 50ng/μl模板DNA，10.4μl ddH_2O。PCR扩增程序为：95℃预变性3min，94℃变性20s，36℃退火40s，72℃延伸80s，40次循环，最后一个循环72℃延伸3min，然后4℃保存。

（3）与辣椒抗蚜性基因连锁的SCAR标记验证。以RAPD标记$OPA18_{600}$序列为模板设计1对SCAR引物S12（引物1：5'-TGAGGATGTGATAGGACT-3'；引物2：5'-TAGTTTGTGGCTCAGTCT-3'）进一步对24个F_2代单株和包括杂交组合亲本在内的抗、感品种单株进行PCR扩增验证。扩增反应总体积25μl，反应液中含模板DNA 50ng，Mg^{2+} 2mM，dNTP 0.2mM，Taq酶1.5U，引物0.64pmol/μl，10×buffer 2.5μl。PCR扩增程序为：95℃预变性3min，94℃变性20s，36℃退火40s，72℃延伸80s，40次循环，最后一个循环72℃延伸3min，然后4℃保存。

2.4.2 结果与分析

2.4.2.1 与辣椒抗蚜性基因连锁的RAPD标记的筛选

以抗性稳定的抗蚜辣椒品种猪大肠和感蚜辣椒品种大羊角椒为亲本正反杂交后代F_2抗、感混合DNA池为模板，从Operon公司的A、D、E、F、G、I、O 7组共140个随机引物中筛选出有多态性差异的引物7个（图2-3）。然后以F_2代抗、感混合DNA池、两亲本、F_1代以及F_2代抗、感各一个单株DNA为模板，对这7个引物进一步筛选，最终筛选出一个重复性好、扩增条带清晰可辨、片段大小约为600bp的一条差异带，在上述抗虫DNA池中存在而在感虫DNA池中不存在，将其命名为$OPA18_{600}$（图2-4）。

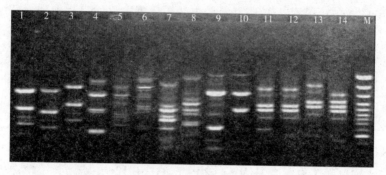

图2-3　引物OPA16、OPA17、OPA18、OPA19、OPG10、OPG11、OPG12在F_2代抗、感DNA混合池的PCR扩增

注：1、2. 引物OPA16；3、4. 引物OPA17；5、6. 引物OPA18；7、8. 引物OPA19；9、10. OPG10；11、12.引物OPG11；13、14.引物OPG12；M. DNA marker

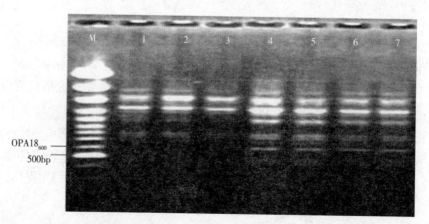

图2-4　引物OPA18对抗感亲本、F_1、F_2抗及感混合DNA池、F_2抗及感单株的PCR扩增

注：1. F_2代感蚜混合DNA池；2. 感蚜亲本；3. F_2代感蚜单株；4. F_2代抗蚜混合DNA池；5. 抗蚜亲本；6. F_1代；7. F_2代抗蚜单株；M. DNA marker

2.4.2.2　RAPD标记OPA18$_{600}$在F$_2$群体和供试抗、感品种中的验证

用引物OPA18对用以构建抗、感DNA混合池的20个F$_2$单株和包括杂交组合亲本在内的供试抗、感品种进行PCR扩增，结果表明，10个F$_2$抗蚜单株和6个抗蚜品种DNA池均能扩增出而10个F$_2$感蚜单株和6个感蚜品种DNA池均未能扩增出OPA18$_{600}$条带（图2-5、图2-6），重复3次，结果一致，由此可确定OPA18$_{600}$是与辣椒抗蚜性基因连锁的RAPD标记。

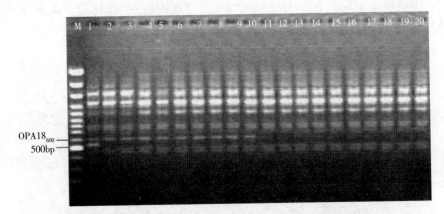

图2-5　引物OPA18对F$_2$代20个抗、感单株的PCR扩增

注：1~10. F$_2$代抗蚜单株；11~20. F$_2$代感蚜单株；M. DNA marker

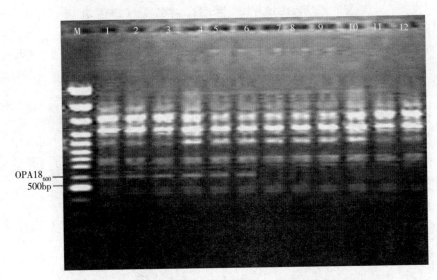

图2-6　引物OPA18对12个供试抗、感品种的PCR扩增

注：1~6分别为抗蚜品种凉椒一号、猪大肠、都椒一号、新丰五号、苗丰三号、中椒六号；7~12分别为感蚜品种大羊角椒、砀椒一号、湘研9402、渝椒五号、保椒二号、泰国正椒三号；M. DNA marker

2.4.2.3　与辣椒抗蚜性基因连锁的SCAR标记

以RAPD标记OPA18600序列为模板设计1对SCAR引物S12（5'- TGAGGAT GTGATAGGACT -3'；5'-TAGTTTGTGGCTCAGTCT-3'）进一步对24个F_2代单株和包括杂交组合亲本在内的抗、感品种单株进行PCR扩增，结果表明，12个F_2抗蚜单株和6个抗蚜品种DNA池均能扩增出而12个F_2感蚜单株和6个感蚜品种DNA池均未能扩增出S12560条带（图2-7、图2-8），片段大小为560bp，重复3次，结果一致，由此可确定S12560是与辣椒抗蚜性基因连锁的SCAR标记。这为辣椒抗蚜育种材料的鉴定与筛选及定位、克隆该基因奠定初步基础。

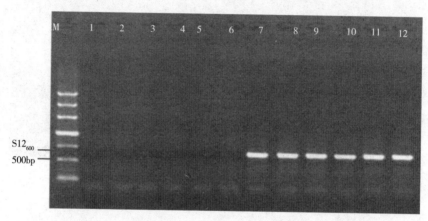

图2-7　引物S12对12个供试抗、感品种的PCR扩增

注：1～6分别为感蚜品种大羊角椒、砀椒一号、湘研9402、渝椒五号、保椒二号、泰国正椒三号；7～12分别为抗蚜品种凉椒一号、猪大肠、都椒一号、新丰五号、苗丰三号、中椒六号；M. DNA marker

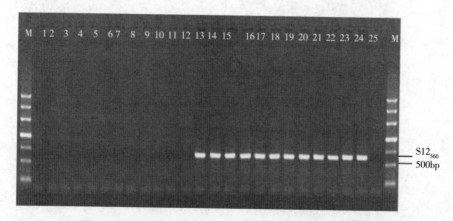

图2-8　引物S12对F_2代24个供试抗、感单株的PCR扩增

注：1～12. F_2代感蚜单株；13～24. F_2代抗蚜单株；25. ddH$_2$O；M. DNA marker

2.4.3　小结

（1）获得一个片段大小约为600bp的与辣椒抗蚜性基因连锁的RAPD标记OPA18$_{600}$。

（2）成功将RAPD标记OPA18$_{600}$转化为片段大小为560bp的与辣椒抗蚜性基因连锁的SCAR标记S12$_{560}$，为辣椒抗蚜育种材料的鉴定与筛选及定位、克隆该基因奠定初步基础。

2.5　抗蚜、高产、优质辣椒品种高效种植示范、应用与推广

以东方市罗带村、下名山村、大坡田村、福久村和下红兴村等为主要示范基地，2002—2009年，本研究筛选出来的抗蚜、高产、优质辣椒品种在东方市高效种植示范、应用与推广3.2万余亩，其中苗丰三号1.9万余亩，新丰五号1.3万余亩，增产约3.2万t，增收6500多万元，农药、化肥和劳务共节约开支1200多万元，充分发挥了抗蚜品种在辣椒害虫综合防治中的主导作用，显著降低了生产成本，减少了农药对辣椒产品和环境的污染，有效持久地控制了蚜虫在辣椒生产中的发生与为害，取得了良好的经济效益、生态效益和社会效益，为国内外辣椒抗虫品种的培育与高效利用提供了经验和范例。

3 西瓜品种抗蚜性鉴定评价与利用

3.1 西瓜品种抗蚜性鉴定

3.1.1 材料与方法

3.1.1.1 供试材料

（1）供试西瓜品种。本试验所用35个参试品种为从100份种质中初步鉴定出的西瓜优良栽培品种，其中黑皮为湖南湘西本地品种；花绿为山西本地品种；绿美人、黑美人、安妮、惠兰、金美人、小玲、华铃、惠玲、翠玲、黑帅、宝冠、嘉华、秀玲、青峰、瑞凤、农友大宝、凤美、瑞光、小兰、丽晶、新兰、宝凤、农友特大新红宝、和平、兴华、新金兰、3F-1952、甜美人、瑞兰、凤光、蕙宝均由海南省耀农农业有限公司提供。

（2）供试瓜蚜。采自海南省三亚市南繁基地瓜蚜自然种群，经鉴定后于人工气候箱室内离体叶片饲养繁殖，温度为（25±1）℃，相对湿度为75%，选择大小、发育一致的雌成虫用于西瓜品种抗蚜性鉴定。

3.1.1.2 试验方法

（1）室内苗期抗蚜性鉴定。采用单株蚜量比值法对在中国热带农业科学院环境与植物保护研究所大棚防虫网室中的西瓜苗进行抗性鉴定。将35个供试品种播种于育苗用营养钵中，随机排列，每行10株，行长60cm，行距、株距均为6cm。在西瓜苗6~8叶期进行人工接蚜，方法是将剪取布满蚜虫的西瓜叶片，均匀设3点置于待测苗的行间，令其自然转移。接蚜4d后采用计数法进行查蚜。每行查蚜10株，以每株的平均单株蚜量比值定级，共分5级（表3-1）。每品种设3次重复，每重复10株，最后将各参试品种拿到大田进行考验。

表3-1　西瓜抗蚜性温室苗期鉴定评级标准

抗性级别	0级	1级	2级	3级	4级
抗性程度	高抗（HR）	抗（R）	中抗（MR）	感（S）	高感（HS）
平均单株蚜量比值	0-0.25	0.26～0.50	0.51～0.90	0.91～1.25	>1.25

注：平均单株蚜量比值＝平均单株蚜量/所有参鉴品种平均单株蚜量

（2）田间抗蚜性鉴定。将供试品种随机排列，每品种种2行，行长5m，行距和株距均为60cm，每行5株，每品种设3次重复，以自然感蚜为主，必要时辅以人工接蚜，接蚜方法与温室相同，蚜害高峰期（第二坐果）采用目测法进行调查，根据蚜害指数进行抗性评价。田间蚜害严重度分为5级：0级，全株无蚜虫；1级，植株上有零星蚜虫；2级，心叶及嫩茎有较多蚜虫，但未卷叶；3级，心叶及嫩茎布满蚜虫，心叶卷曲；4级，全株蚜虫极多，较多叶片卷曲，植株矮小。由于目前无确定的抗、感蚜虫西瓜品种，故采用离中率方法（陈青，2002）进行评价。首先求出所有参试品种蚜害指数的平均值I*，根据每品种3次重复中蚜害指数最高值I与I*的比值确定其抗性程度。田间鉴定评级标准见表3-2。

表3-2　西瓜抗蚜性田间鉴定评级标准

抗性级别	0级	1级	3级	5级	7级	9级
抗性程度	免疫（IM）	高抗（HR）	抗（R）	中抗（MR）	感（S）	高感（HS）
离中率（I/I*）	0	≤0.20	0.21～0.40	0.41～0.70	0.71～1.00	>1.00

注：I*为平均蚜害指数，蚜害指数（I）＝Σ（严重度级别×该级株数）/（调查株数×4）×100

3.1.2　结果与分析

3.1.2.1　室内苗期抗蚜性鉴定

35个参试西瓜栽培品种温室苗期接蚜鉴定结果（表3-3）表明，黑皮和绿美人2个品种对蚜虫表现为高抗；黑美人和惠兰对蚜虫表现为抗；安妮、华铃、惠玲、翠玲、黑帅、宝冠、嘉华、秀玲、青峰、瑞凤、农友大宝、凤美、嘉玲和黑玫瑰14个品种对蚜虫表现为中抗；金美人、小玲、瑞光、小兰、丽晶、新兰、宝凤、农友特大新红宝、和平、兴华、新金兰、3F-1952、瑞兰、凤光和蕙宝15个品种对蚜虫表现为感；花绿和甜美人2个品种对蚜虫表现为高感。

表3-3　35个西瓜品种室内苗期抗蚜性鉴定结果

品种	平均单株蚜量（头）	平均单株蚜量比值	抗性程度
黑皮	3.9	0.16	HR
绿美人	5.6	0.23	HR
黑美人	7.8	0.32	R
惠兰	8.8	0.36	R
安妮	15.4	0.62	MR
惠玲	15.4	0.63	MR
华铃	16.6	0.68	MR
翠玲	16.8	0.69	MR
黑帅	16.8	0.69	MR
宝冠	17.6	0.72	MR
嘉华	17.8	0.73	MR
秀玲	17.8	0.73	MR
青峰	18.3	0.75	MR
瑞凤	19.3	0.79	MR
农友大宝	20.0	0.82	MR
凤美	20.5	0.84	MR
嘉玲	21.0	0.86	MR
黑玫瑰	21.5	0.88	MR
金美人	25.1	1.03	S
小玲	25.6	1.05	S
瑞光	25.8	1.06	S
小兰	25.8	1.06	S
丽晶	26.6	1.09	S
新兰	26.6	1.09	S
宝凤	27.1	1.11	S
农友特大新红宝	27.5	1.13	S
和平	28.3	1.16	S
兴华	29.0	1.19	S
新金兰	29.5	1.21	S
3F-1952	29.5	1.21	S
瑞兰	30.0	1.23	S
凤光	30.2	1.24	S
蕙宝	30.2	1.24	S
甜美人	61.7	2.53	HS
花绿	65.3	2.68	HS

注：所有参鉴品种平均单株蚜量为24.4头

3.1.2.2　田间抗蚜性鉴定

　　35个参试西瓜栽培品种田间抗蚜性鉴定结果（表3-4）表明，黑皮和绿美人2个品种对蚜虫表现为高抗；黑美人和惠兰对蚜虫表现为抗；安妮、华铃、惠玲、翠玲、黑帅、宝冠、嘉华、秀玲、青峰、瑞凤、农友大宝、凤美、嘉玲和黑玫瑰15个品种对蚜虫表现为中抗；金美人、小玲、瑞光、小兰、丽晶、新兰、宝凤、农友特大新红宝、和平、兴华、新金兰、3F-1952、瑞兰、凤光和蕙宝15个品种对蚜虫表现为感；花绿和甜美人2个品种对蚜虫表现为高感。上述结果与温室苗期接蚜鉴定结果一致。

表3-4　35个西瓜品种田间抗蚜性鉴定结果

品种	最高蚜害指数（I）（%）	离中率（I/I*）	抗性级别	抗性程度
黑皮	8.54	0.16	1	HR
绿美人	8.23	0.15	1	HR
黑美人	20.86	0.38	3	R
惠兰	21.00	0.39	3	R
安妮	38.50	0.69	5	MR
惠玲	36.17	0.66	5	MR
华铃	36.32	0.66	5	MR
翠玲	38.42	0.70	5	MR
黑帅	37.55	0.69	5	MR
宝冠	38.04	0.69	5	MR
嘉华	38.29	0.69	5	MR
秀玲	37.26	0.68	5	MR
青峰	37.18	0.68	5	MR
瑞凤	38.20	0.70	5	MR
农友大宝	38.31	0.70	5	MR
凤美	38.24	0.70	5	MR
嘉玲	38.05	0.69	5	MR
黑玫瑰	38.11	0.69	5	MR
金美人	40.91	0.75	7	S
小玲	39.29	0.72	7	S
瑞光	49.17	0.90	7	S
小兰	52.50	0.96	7	S
丽晶	53.60	0.98	7	S
新兰	54.05	0.99	7	S

（续表）

品种	最高蚜害指数（I）（%）	离中率（I/I*）	抗性级别	抗性程度
宝凤	54.68	1.00	7	S
农友特大新红宝	53.40	0.97	7	S
和平	55.27	1.00	7	S
兴华	54.33	0.97	7	S
新金兰	54.97	1.00	7	S
3F-1952	53.83	0.98	7	S
瑞兰	54.75	1.00	7	S
凤光	53.82	0.98	7	S
蕙宝	55.15	1.00	7	S
甜美人	60.00	1.09	9	HS
花绿	85.00	1.55	9	HS

注：所有参鉴品种平均蚜害指数I*为54.8%

3.1.3 小结

采用离中率方法建立了切实可行的西瓜抗蚜性田间评级标准，并将室内与田间评级标准相结合，获得抗性稳定的高抗蚜虫西瓜品种2个，即黑皮和绿美人；抗蚜品种2个，即黑美人和惠兰；中抗蚜虫西瓜品种15个，即安妮、华铃、惠玲、翠玲、黑帅、宝冠、嘉华、秀玲、青峰、瑞凤、农友大宝、凤美、嘉玲和黑玫瑰；高感蚜虫西瓜品种2个，即花绿和甜美人；感蚜品种15个，即金美人、小玲、瑞光、小兰、丽晶、新兰、宝凤、农友特大新红宝、和平、兴华、新金兰、3F-1952、瑞兰、凤光和蕙宝，为西瓜抗蚜性研究提供了抗性评级标准与参试材料。

3.2 西瓜抗蚜性遗传分析

3.2.1 材料与方法

3.2.1.1 供试材料

选择抗、感性稳定的的高抗西瓜品种黑皮和高感西瓜品种花绿为亲本进行正反杂交，并参试周明煐主编的《作物抗虫性原理与应用》中所采用的方法，采用温室苗期鉴定方法对其杂种后代F_1、F_2群体进行抗性评价。F_1代采用群体评级，F_2代采用单株评级。

3.2.1.2 供试蚜虫

同第一节西瓜品种抗蚜性鉴定。

3.2.2 结果与分析

抗蚜性鉴定结果表明，黑皮和花绿正反杂交后代F_1表型均没有出现抗、感性分离，平均单株蚜量比值分别为0.22和0.24，表现为高抗（HR）。F_1自交所得F_2代植株表型出现抗感性分离，抗蚜与感蚜植株分离比经χ^2测验符合3：1分离规律（表3-5）。上述结果说明，西瓜抗蚜性由单显性核基因控制，且能稳定遗传。

表3-5 西瓜抗蚜性遗传分析

♂×♀	F_1			F_2			分离比	$\chi^2_{1,0.05}$
	植株总数（株）	平均蚜量（头/株）	表型	植株总数（株）	抗	感		
黑皮×花绿	97	0.22	高抗	625	468	157	2.98：1	0.0005
花绿×黑皮	101	0.24	高抗	598	456	142	3.21：1	0.437

3.2.3 小结

发现黑皮和花绿正反杂交后代F_1表型均没有出现抗感性分离，表现为高抗（HR）。F_1自交所得F_2表型出现抗、感性分离，抗蚜与感蚜植株分离比经χ^2测验符合3：1分离规律，表明西瓜抗蚜性由显性单基因控制，能够稳定遗传，为深入开展辣椒抗蚜育种及抗蚜机理研究奠定了基础。

3.3 西瓜对瓜蚜的物理防御效应研究

3.3.1 材料与方法

3.3.1.1 供试材料

选用经抗性鉴定对瓜蚜（*Aphis gossypii* Glover）抗性表现稳定的黑皮、绿美人、黑美人、惠兰、金美人、小玲、甜美人和花绿8个品种作为试验材料。

3.3.1.2 供试蚜虫

同第一节西瓜品种抗蚜性鉴定。

3.3.1.3 试验方法

叶片下表皮形态观察：选取生长一致的西瓜苗期叶片，对各品种的叶片表面结构进行观察、测定。每品种随机各选择10株，每株从顶部往下第三片完全展开叶中脉两侧各切取1cm×0.5cm的小块，用镊子撕下下表皮上的膜，放于载玻片上，滴2~3滴清水，吸去多余的清水，在显微镜（尼康Eclipse）下一定视野内分别观察各材料叶片下表皮的茸毛密度、茸毛长度、气孔密度。

叶片厚度测定：选取生长一致的西瓜苗，用叶片打孔器从顶部往下第三片完全展开叶中脉两侧取样，每叶片取5个，每品种测定10片叶，取平均值。

叶片蜡质含量的测定：采用氯仿法（史凤玉等，2008）测定。选取生长一致的西瓜苗，取从顶部往下第三、第四片完全展开叶，用水洗净，吸水纸吸干、剪碎。称取3g，放入30ml氯仿中浸泡1min，将提取液过滤到已知重量的蒸发皿中，在通风柜中使氯仿挥发完后称重。每品种重复10次，取平均值。

叶片蜡质含量＝[氯仿挥发完毕后烧杯质量（g）－称量前烧杯质量（g）]/叶片质量（mg/g）

光合特性指标的测定：于2013年5月在中国热带农业科学院环境与植物保护研究所大棚防虫网室进行。选取生长与大小一致的不同西瓜品种盆栽苗，以每叶20头雌成虫接于盆栽抗、感西瓜从顶部往下第三、第四片完全展开叶叶片背面，分别于接虫前和接虫后第4d的上午9：00—11：00测定叶片的气体交换参数和叶绿素荧光参数，并摘取叶片进行叶绿素含量测定。

叶绿素含量测定：将新鲜绿色植物叶片洗净擦干去叶柄叶脉，不同处理叶片分用电子天平精确称量后剪碎（0.5g），转入小瓶中加95%乙醇2~3ml研成匀浆，再加乙醇继续研磨直至组织变白，静置3~5min，将浸提液移入20ml容量瓶，乙醇定容混匀后在5 000×g下离心5min后（置于暗处备用）。用紫外可见分光光度计（岛津2600，日本）测定665nm、649nm和470nm吸光值，以95%的乙醇液为空白。测定和计算叶片单位鲜重或单位面积的叶绿素（Chl）含量。

叶绿素含量（mg/g鲜重）=C（mg/l）×提取液总体积（ml）×1 000/样品重（g）

式中，C叶绿素总浓度包括叶绿素a和叶绿素b。

$$Ca+b=6.63 \times OD_{665}+18.08 \times OD_{649}$$

西瓜品种叶片气体交换参数测定：利用LCpro+便携式光合系统测定仪进行测定。测定的参数有净光合速率A、气孔导度Gs、胞间CO_2浓度Ci和蒸腾速率E。测定条件为CO_2浓度（385±5）μmol/mol，测定光强为1 000μmol/m^2·s。每个叶片重复测定3次，每品种重复8次。

西瓜品种叶片叶绿素荧光动力学参数测定：利用PAM-2500便携式调制叶绿素荧光仪进行测定。测定叶绿素荧光参数时暗适应时间为30min，光照强度为600μmol/m^2·s。测定指标包括：初始荧光参数（Fo），最大荧光参数（Fm）、PSⅡ的实际光合量子产量[Y（Ⅱ）]、光化学淬灭系数（qP），并计算PSⅡ的最大光能转化效率（*Fv/Fm*）和PSⅡ的潜在光化学活性（*Fv/Fo*）。以上测定每个叶片重复3次，每品种重复8次。

3.3.1.4　数据分析

用SAS软件duncan's新复极差法对抗、感西瓜品种叶片厚度、茸毛密度、茸毛长度、气孔密度、蜡质含量及蚜虫为害前后抗、感西瓜品种叶组织叶绿素含量、气体交换参数和叶绿素荧光动力学参数进行比较和统计分析。

3.3.2　结果与分析

3.3.2.1　抗、感西瓜品种叶片厚度测定与比较

由图3-1可知，高抗品种黑皮、绿美人和抗性品种黑美人、惠兰的叶片厚度分别为0.12mm、0.11mm、0.12mm和0.11mm，感虫品种金美人、小玲和高感品种甜美人、花绿的叶片厚度分别为0.12mm、0.11mm、0.13mm和0.12mm。相关分析表明，$R=0.3780 < R_{0.05, 6}=0.7070$，说明西瓜叶片厚度与西瓜抗蚜性无显著相关性。

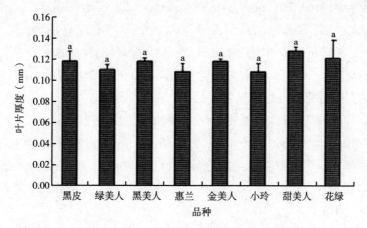

图3-1　抗、感西瓜品种叶片厚度比较

3.3.2.2　抗、感西瓜品种叶片气孔密度测定与比较

在显微镜下观察了8个抗、感西瓜品种叶片下表皮的气孔。从图3-2可知，高抗和抗性品种黑皮、绿美人、黑美人和惠兰的气孔密度分别为532.58个/mm²、502.17个/mm²、508.07个/mm²和403.04个/mm²，感虫和高感品种金美人、小玲、甜美人和花绿的气孔密度分别为337.39个/mm²、305.56个/mm²、285.46个/mm²和283.34个/mm²，抗、感西瓜品种间叶片下表皮的气孔密度存在显著差异（$P < 0.05$）。相关分析表明，$R=0.9608 > R_{0.05, 6}=0.7070$，说明西瓜叶片气孔密度与西瓜抗蚜性显著正相关。

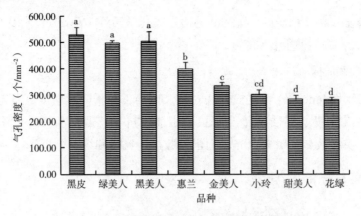

图3-2　抗、感西瓜品种叶片下表皮气孔密度比较

3.3.2.3　抗、感西瓜品种叶片下表皮茸毛特性测定与比较

在显微镜下观察了8个抗、感西瓜品种叶片下表皮的茸毛，并对茸毛长度进行了测定。从图3-3可知，高抗品种黑皮、绿美人和抗性品种黑美人、惠兰的茸毛密度分别为6.97个/mm^2、6.83个/mm^2、7.02个/mm^{2}和6.46个/mm^2，感虫品种金美人、小玲和高感品种甜美人、花绿的茸毛密度分别为5.88个/mm^2、5.02个/mm^2、5.69个/mm^{2}和5.12个/mm^2，抗、感西瓜品种叶片下表皮的茸毛密度存在明显差异（$P<0.05$）。相关分析表明，$R=0.907\,1>R_{0.05,\ 6}=0.707\,0$，说明西瓜叶片茸毛密度与西瓜抗蚜性显著正相关。

从图3-4可知，高抗品种黑皮、绿美人和抗性品种黑美人、惠兰的茸毛长度分别为158.30μm、180.60μm、174.70μm和175.56μm，感虫品种金美人、小玲和高感品种甜美人、花绿的茸毛长度分别为176.00μm、150.80μm、156.88μm和163.48μm。相关分析表明，$R=0.406\,1<R_{0.05,\ 6}=0.707\,0$，说明西瓜叶片茸毛长度与西瓜抗蚜性无相关性。

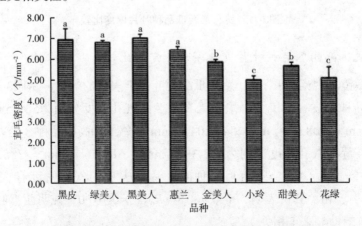

图3-3　抗、感西瓜品种叶片下表皮茸毛密度比较

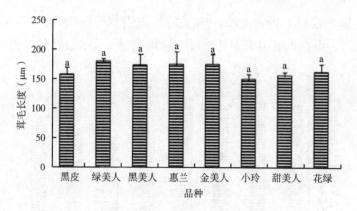

图3-4　抗、感西瓜品种叶片下表皮茸毛长度比较

3.3.2.4　抗、感西瓜品种叶片蜡质含量测定与比较

从图3-5可知，高抗品种黑皮、绿美人和抗性品种黑美人、惠兰的蜡质含量分别为2.42mg/g、2.57mg/g、1.40mg/g和1.53mg/g，感虫品种金美人、小玲和高感品种甜美人、花绿的蜡质含量分别为0.97mg/g、0.84mg/g、0.70mg/g和0.88mg/g，抗、感品种间存在明显差异（$P<0.05$）。相关分析表明，$R=0.8992>R_{0.05, 6}=0.7070$，说明西瓜叶片蜡质含量与西瓜抗蚜性呈显著正相关。

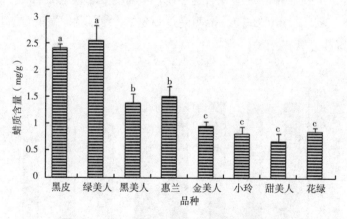

图3-5　抗、感西瓜品种叶片蜡质含量比较

3.3.2.5　抗、感西瓜品种叶片叶绿素测定与比较

从图3-6可知，瓜蚜取食后抗、感品种叶组织中叶绿素含量均下降。其中，高抗和抗性品种叶组织中叶绿素含量下降幅度较小，高抗品种黑皮、绿美人和抗性品种黑美人、惠兰叶组织内叶绿素含量分别是接蚜前的0.73倍、0.75倍、0.71倍和0.70倍，感虫品种金美人、小玲和高感品种甜美人、花绿叶组织中叶绿素含量分别是取食前的0.54倍、0.55倍、0.59倍和0.60倍，抗、感西瓜品种的叶绿素含

量变化存在显著差异（$P < 0.05$）。相关分析表明，$R = 0.8048 > R_{0.05,\ 6} = 0.7070$，说明受瓜蚜侵害后西瓜叶组织中叶绿素含量变化与西瓜抗蚜性显著正相关。

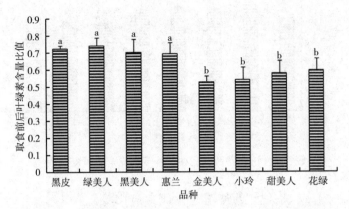

图3-6　瓜蚜为害前后抗、感西瓜品种叶组织中叶绿素含量变化

3.3.2.6　瓜蚜取食对叶片气体交换参数的影响

由图3-7可知，瓜蚜取食后抗、感西瓜品种叶片净光合速率（A）均下降，其中，高抗品种和抗性品种A是取食前的0.82～0.85，感性品种和高感品种是取食前的0.62～0.72，抗蚜品种叶片净光合速率A下降幅度要小于感蚜品种。相关分析表明，$R = 0.9482 > R_{0.05,\ 6} = 0.7070$，说明受瓜蚜侵害后西瓜叶片净光合速率（$A$）变化与西瓜抗蚜性显著正相关。

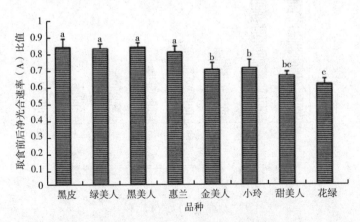

图3-7　瓜蚜为害前后抗、感西瓜品种叶片净光合速率（A）变化

由图3-8可知，瓜蚜取食后抗、感西瓜品种的胞间CO_2浓度（C_i）均有不同程度的变化，其中，高抗品种黑皮、绿美人和抗性品种黑美人、惠兰的C_i是取食前的0.96～0.99倍，感蚜品种金美人、小玲和高感品种甜美人、花绿的C_i分别是取

食前的0.93~1.05。相关分析表明，$R=0.2462<R_{0.05,6}=0.7070$，说明受瓜蚜侵害后西瓜叶片胞间$CO_2$浓度（$Ci$）变化与抗蚜性无显著相关性。

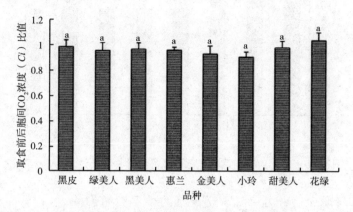

图3-8　瓜蚜为害前后抗、感西瓜品种叶片胞间CO_2浓度（Ci）变化

从图3-9可知，瓜蚜取食后8个品种的气孔电导系数（Gs）均有下降，其中，高抗品种黑皮、绿美人和抗性品种黑美人、惠兰的Gs是取食前的0.48~0.54倍，感虫品种金美人、小玲和高感品种甜美人、花绿的Ci分别是取食前的0.50~0.58。抗、感西瓜品种间的气孔电导系数（Gs）变化无显著差异（$P>$0.05）。相关分析表明，$R=0.0265<R_{0.05,6}=0.7070$，说明受瓜蚜侵害后西瓜叶片气孔电导系数（$Gs$）变化与西瓜抗蚜性无显著相关性。

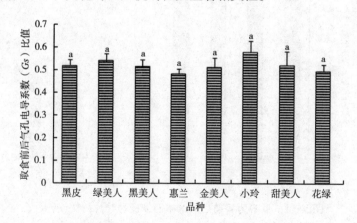

图3-9　瓜蚜为害前后抗、感西瓜品种叶片气孔电导系数（Gs）变化

由图3-10可知，瓜蚜取食后抗、感品种的蒸腾速率（E）均有所下降，高抗和抗性品种叶片蒸腾速率（E）是取食前的0.49~0.57，感蚜和高感品种叶片蒸腾速率（E）是取食前的0.44~0.48。相关分析表明，$R=0.9110>R_{0.05,6}=0.7070$，说明受瓜蚜侵害后西瓜叶片蒸腾速率（$E$）变化与西瓜抗蚜性显著正相关。

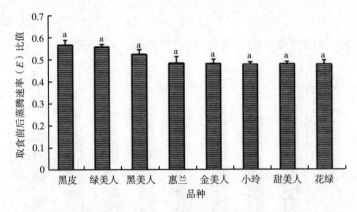

图3-10　瓜蚜为害前后抗、感西瓜品种叶片蒸腾速率（E）变化

3.3.2.7 瓜蚜取食对叶片叶绿素荧光动力学参数的影响

从图3-11可知，瓜蚜取食后抗、感西瓜品种间Fv/Fm均有所下降，其中高抗和抗性品种叶片PSⅡ最大光能转化效率Fv/Fm是取食前的0.95～0.98倍，感蚜和高感品种是取食前的0.83～0.93倍，下降幅度显著高于高抗和抗性品种（$P<$0.05）。相关分析表明，$R=0.8936>R_{0.05, 6}=0.7070$，说明受瓜蚜侵害后西瓜叶片最大光能转化效率$Fv/Fm$变化与西瓜抗蚜性显著正相关。

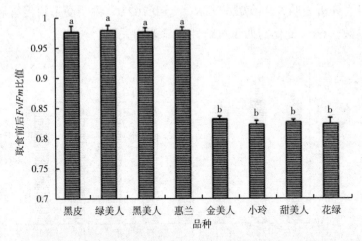

图3-11　瓜蚜为害前后抗、感西瓜品种叶片Fv/Fm变化

从图3-12可知，瓜蚜取食后抗、感西瓜叶片PSⅡ潜在光化学活性（Fv/Fo）均有所下降，其中高抗和抗性品种叶片PSⅡ潜在光化学活性Fv/Fo是取食前的0.84～0.91倍，感蚜和高感品种是取食前的0.73～0.77倍，下降幅度显著高于高抗和抗性品种（$P<0.05$）。相关分析表明，$R=0.8266>R_{0.05, 6}=0.7070$，说明受瓜蚜侵害后西瓜叶片PSⅡ潜在光化学活性$Fv/Fo$变化与抗蚜性显著负相关。

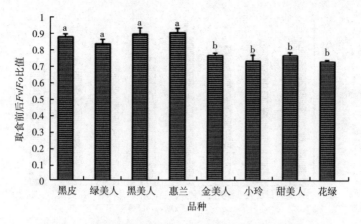

图3-12 瓜蚜为害前后抗、感西瓜品种叶片Fv/Fo变化

由图3-13可知，瓜蚜取食后抗、感西瓜品种PSⅡ实际光合量子产量［Y（Ⅱ）］均有所下降。高抗和抗蚜品种叶片Y（Ⅱ）分别是取食前的0.72～0.76倍，感蚜和高感品种叶片Y（Ⅱ）分别是取食前的0.51～0.61倍，下降幅度显著高于高抗品种和抗蚜品种。相关分析表明，$R=0.8932>R_{0.05,6}=0.7070$，说明受瓜蚜侵害后西瓜叶片PSⅡ实际光合量子产量［Y（Ⅱ）］变化与西瓜抗蚜性显著负相关。

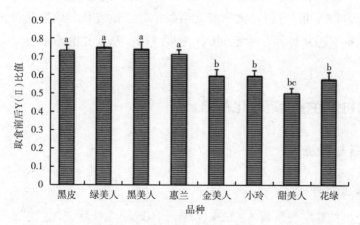

图3-13 瓜蚜为害前后抗、感西瓜品种叶片Y（Ⅱ）变化

由图3-14可知，瓜蚜取食后抗、感西瓜品种的光化学淬灭系数（qP）均下降，高抗和抗蚜品种叶片qP分别是取食前的0.60～0.63倍，感蚜和高感品种叶片qP分别是取食前的0.49～0.55倍，下降幅度高于抗蚜和高抗品种。相关分析表明，$R=0.8396>R_{0.05,6}=0.7070$，说明受瓜蚜侵害后西瓜叶片光化学淬灭系数（qP）变化与西瓜抗蚜性显著负相关。

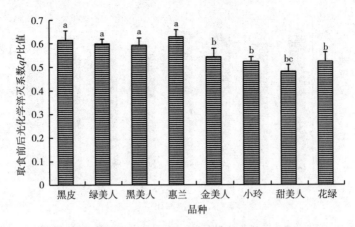

图3-14 瓜蚜为害前后抗、感西瓜品种叶片光化学淬灭系数（qP）变化

3.3.3 小结

（1）发现叶片气孔密度、茸毛密度和蜡质含量与西瓜品种抗蚜性显著正相关，可作为种质蚜虫抗性鉴定的指示性状。

（2）发现瓜蚜取食前后西瓜叶组织叶绿素含量、净光合速率（A）、蒸腾速率（E）、PSII最大光能转化效率（Fv/Fm）、潜在光化学活性（Fv/Fo）、实际光合量子产量[$Y（Ⅱ）$]和光化学淬灭系数（qP）的变化与西瓜品种抗蚜性显著正相关，但抗、感品种间叶片胞间CO_2浓度（Ci）和气孔电导系数（Gs）变化无显著差异。

3.4 西瓜抗蚜性的生理生化基础

3.4.1 材料与方法

3.4.1.1 供试材料

选用经抗性鉴定对瓜蚜（*Aphis gossypii* Glover）抗性表现稳定的抗性品种黑皮、绿美人、黑美人、惠兰和感性品种金美人、小玲、甜美人、花绿8个品种作为试验材料，种植在中国热带农业科学院环境与植物保护研究所大棚防虫网室用于生理生化各项指标的测定。

3.4.1.2 供试蚜虫

同第一节西瓜品种抗蚜性鉴定。

3.4.1.3 试验方法

（1）营养物质测定方法。选取中国热带农业科学院环境与植物保护研究所大棚防虫网室生长与大小一致的不同西瓜品种盆栽苗，采集从顶部往下第三、第四片完全展开叶新鲜叶片进行可溶性糖、可溶性氮、游离氨基酸、脯氨酸和维生素C含量测定。

①可溶性糖含量测定。采用蒽酮测定法，分别准确称取抗、感西瓜品种新鲜叶片0.5g，剪碎至2mm以下，加入少量蒸馏水在冰浴中研磨成匀浆状，用蒸馏水定容至20ml刻度试管中。置沸水浴中加盖煮沸10min，冷却后过滤，转入25ml容量瓶中并用蒸馏水定容，摇匀后备用。

取1ml提取液于20ml具塞刻度试管中，加1ml水和0.5ml蒽酮试剂，再缓慢加入5ml浓H_2SO_4，加盖后摇匀，置沸水浴中10min（比色空白用2ml蒸馏水与0.5ml蒽酮试剂混合，置沸水浴中10min）。冷却后在620nm下测定其光密度值。根据标准曲线和样品吸光度值计算可溶性糖含量，重复3次。

②可溶性氮含量测定。采用考马斯亮蓝测定法，分别准确称取抗、感西瓜品种新鲜叶片0.5g，加入5ml蒸馏水冰浴中研磨后在4 000r/min下离心10min，上清液倒入10ml容量瓶，再向残渣中加入2ml蒸馏水，摇匀悬浮后二次离心10min，合并上清液，然后定容（或过滤定容至10ml容量瓶）。测定时，取上清液1ml，加5ml考马斯亮蓝G-250蛋白质试剂混匀，放置2min显色后在595nm下测定其光密度值，根据标准曲线和样品吸光度值计算蛋白质含量，重复3次。

③游离氨基酸含量测定。采用茚三酮法，准确称取抗、感西瓜品种新鲜叶片0.5g，剪碎后放入具塞大试管中，加入无氨水5ml并加热至沸后转移至离心管中，并用蒸馏水洗后定容至10ml，摇匀后待测。取1ml提取液于具塞刻度试管中，加入1ml 0.2M柠檬酸缓冲液（pH值=5.0）和1ml 0.05M茚三酮，摇匀后加热煮沸15min，冷却后加3ml 60%乙醇，摇匀，然后在570nm波长下比色测定其光密度值，根据标准曲线和样品吸光度值上计算氨基酸的含量（以亮氨酸为标准）。

④脯氨酸含量测定。采用茚三酮法，分别准确称取抗、感西瓜品种新鲜叶片0.5g，剪碎后放入具塞大试管中，加入3%磺基水杨酸5ml，摇匀后浸入沸水浴中提取10min。待管冷却且叶片全部沉淀后，取上清液2ml于试管中，加入2ml冰醋酸和2ml酸性茚三酮，摇匀加塞后在沸水浴中加热30min。取出冷却后加入4ml甲苯，振荡30min，静置分层后取红色上层液在520nm波长下比色测定其光密度值，根据标准曲线和样品吸光度值计算脯氨酸的含量。

⑤维生素C（Vc）含量测定。采用2，4-二硝基苯肼法，分别准确称取抗、感西瓜品种新鲜叶片0.5g，放入研钵中加1ml 1%草酸研成匀浆后过滤离心得上清液。取上清液，加一勺活性炭，摇1min，静置过滤并定容至101ml。取上清液1ml，加入0.5ml 10%硫脲溶液和0.5ml 2%2，4-二硝基苯肼，混匀后（37±0.5）℃恒温箱或水浴中，保温3h，取出样品管放入冰水中终止反应。当试

管放入冰水后，向每一试管中加入2ml 85%硫酸，滴加时间至少需要1min，边滴边摇试管（防止溶液温度上升，溶液中糖炭化而转黑色）。硫酸滴加完毕，将试管自冰水中取出，在室温准确放置30min显色，在490nm波长下比色测定其光密度值，根据标准曲线和样品吸光度值计算维生素C的含量。

（2）次生代谢物质测定方法。选取生长与大小一致的不同西瓜品种盆栽苗，将体色和大小一致的瓜蚜雌成虫，以每叶20头接于盆栽抗、感西瓜从顶部往下第三、第四片完全展开叶叶片背面，用已扎孔的透光薄膜袋套住。分别于接虫前和接虫后第4d采集处理叶片进行总酚、丙二醛和单宁酸含量测定。

①总酚含量测定。分别准确称取蚜虫为害前和为害后的抗、感西瓜品种新鲜叶片0.5g，加3ml 95%乙醇研磨成匀浆状，再加5ml 95%乙醇过滤，用95%乙醇定容至25ml。取样品2ml于试管中，加入Folin试剂2ml，摇匀3min后加入2ml 10%Na_2CO_3溶液，静置1h后用U-2600紫外分光光度计测670nm下的OD值，以2ml蒸馏水作为对照。每材料重复测3次。以儿茶酚做标准曲线。

②丙二醛含量测定。分别准确称取蚜虫为害前和为害后的抗、感西瓜品种新鲜叶片0.5g，加入蒸馏水在冰浴中研磨成匀浆状，连同残渣一起转入15ml的离心管，用蒸馏水漂洗3次，然后4 700rpm离心20min，取上清液，弃去残渣，定容至10ml，摇匀后待测。测定时，吸取2ml的提取液于刻度试管中，加入0.5%硫代巴比妥酸的5%三氯乙酸溶液3ml，于沸水浴上加热10min，迅速冷却。于4 700rpm离心10min。取上清液于532nm和600nm波长下测定光密度值，以蒸馏水为空白对照，重复3次。

③单宁酸含量测定。采用Folin-Denis比色法，分别准确称取蚜虫为害前和为害后的抗、感西瓜品种新鲜叶片0.5g，剪碎后装于20ml有盖大试管中，加入5ml蒸馏水并置于60℃左右的保温箱中过夜。第2d，离心取上清液，然后再加入约5ml 80℃左右的蒸馏水于80℃水浴锅中浸提20min，离心取上清液，如此反复3~5次，直至滤液与$FeCl_3$稀溶液混合不再产生绿色或蓝色为止。最后定容至25ml，摇匀为待测液。

取2ml待测液，加入1mlF-D试剂及2ml饱和Na_2CO_3溶液，蒸馏水定容至10ml，充分摇匀静置30min后在760nm波长下测定光密度值。

（3）酶活性测定方法。

①酶液提取。选取中国热带农业科学院环境与植物保护研究所大棚防虫网室生长与大小一致的不同西瓜品种盆栽苗，将体色和大小一致的瓜蚜雌成虫，以每叶20头接于盆栽抗、感西瓜从顶部往下第三、第四片完全展开叶叶片背面，用已扎孔的透光薄膜袋套住。分别于接虫前和接虫后第4d采集新鲜叶片鲜重1g，加2ml蒸馏水，在冰浴中研磨后在10 000r/min离心15min，取上清液并用蒸馏水定容

至10ml，置冰箱中保存，用于多酚氧化酶（PPO）、过氧化物酶（POD）、抗坏血酸过氧化物酶（AsA-POD）、超氧化物歧化酶（SOD）和过氧化氢酶（CAT）活性测定。

②酶活性测定。

A.POD活性测定。在试管中依次加入0.2mol/L pH值5.0醋酸缓冲液1.95ml，1g/L邻甲氧基苯酚1ml，待测酶液0.5ml，0.08%的过氧化氢溶液1ml，而对照试管中将过氧化氢溶液改为1ml蒸馏水。加入过氧化氢60min后在470nm波长下测OD值。

B. AsA-POD活性测定。在试管中依次加入1ml 50mmol/L K_2HPO_4-KH_2PO_4缓冲液（pH=7.0），0.5ml 0.01mol/LAsA，待测酶液0.25ml，0.5ml 0.06%过氧化氢溶液，对照试管中将过氧化氢溶液改为0.5ml蒸馏水。加入过氧化氢溶液后立即在20℃下测定10~30s内的OD_{290}值的变化，计算酶活性。

C. PPO活性测定。在试管中依次加入0.02mol/L邻苯二酚溶液1.5ml，0.05mol/L pH值6.8磷酸缓冲液1.5ml，待测酶液0.5ml；对照试管中加前2种溶液，不加酶液。30℃下反应2min，398nm波长下测OD值。

D. CAT活性测定。在试管中加入3ml pH值7.2的磷酸缓冲液，2ml 0.1mol/L H_2O_2，待测酶液0.2ml，对照试管将酶液改为0.2ml蒸馏水。于30℃水浴15min后，用10%硫酸2ml终止反应，摇匀，在415nm下测OD值。

E. SOD活性测定。

邻苯三酚自氧化速率的测定：取3.00ml Tris缓冲溶液于石英比色杯中，作为零管，另取2.90ml Tris缓冲溶液于另一个石英比色杯中，作为测定管。将两比色杯放入25℃恒温水浴中，10min后取出，于测定管中加入邻苯三酚溶液0.10ml，迅速混匀，立即于325nm波长，以零管调零，在4min内每30s测OD值一次。

样品测定：吸取3.00ml Tris缓冲溶液于石英比色杯中，作为零管，另吸取2.80ml Tris缓冲溶液于另一个石英比色杯中，作为测定管。将两比色杯放入25℃恒温水浴中，10min后取出，于测定管中加入0.10ml待测酶液，混匀后加入0.10ml邻苯三酚溶液，迅速混匀，立即于325nm波长，以零管调零，在4min内每30s测OD值1次。

3.4.1.4 数据分析

用SAS软件duncan's新复极差法对抗、感西瓜品种叶组织中的可溶性糖、可溶性氮、可溶性糖/氮比、游离氨基酸、脯氨酸和维生素C含量，以及蚜虫为害前后抗、感西瓜品种叶组织中的总酚、丙二醛和单宁酸含量、酶活性变化及变化比值进行比较和统计分析。

3.4.2 结果与分析

3.4.2.1 抗、感西瓜品种叶组织中可溶性糖含量测定与比较

从图3-15可知，高抗品种黑皮、绿美人和抗性品种黑美人和惠兰的可溶性糖含量分别为15.56mg/g、15.55mg/g、15.56mg/g和15.56mg/g，感蚜品种金美人、小玲和高感品种甜美人、花绿的可溶性糖含量分别为15.57mg/g、15.56mg/g、15.55mg/g和15.94mg/g，抗性品种与感性品种间无显著差异。相关分析表明，$R=0.5767<R_{0.05,6}=0.7070$，说明西瓜叶片可溶性糖含量与西瓜抗蚜性无相关性。

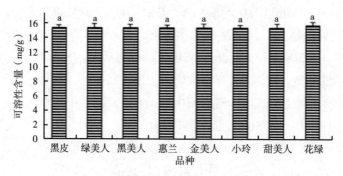

图3-15　抗、感西瓜品种叶组织中可溶性糖含量比较

3.4.2.2 抗、感西瓜品种叶组织中可溶性氮含量测定与比较

从图3-16可知，高抗性品种黑皮、绿美人和抗性品种黑美人、惠兰的可溶性氮含量分别为1.88mg/g、1.86mg/g、2.01mg/g和3.03mg/g，感虫品种金美人、小玲和高感品种甜美人、花绿的可溶性氮含量则分别为5.73mg/g、5.82mg/g、5.26mg/g和5.43mg/g，高感和感性品种的可溶性氮含量显著高于高抗和抗性品种（$P<0.05$）。相关分析表明，$R=0.8858>R_{0.05,6}=0.7070$，说明西瓜叶片可溶性氮含量与西瓜抗蚜性显著负相关。

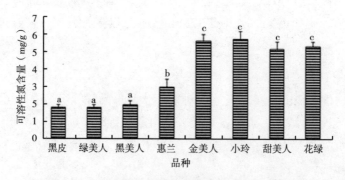

图3-16　抗、感西瓜品种叶组织中可溶性氮含量比较

3.4.2.3　抗、感西瓜品种叶组织中糖/氮比测定与比较

从图3-17可知，高抗品种黑皮、绿美人和抗性品种黑美人、惠兰叶片组织中可溶性糖/氮比值分别为8.24、8.21、7.73和5.08，感虫品种金美人、小玲和高感品种甜美人、花绿的糖/氮比值分别为2.71、2.67、2.95和2.96，高抗品种和抗性品种的可溶性糖/氮比显著高于高感和感蚜品种（$P<0.05$）。相关分析表明，$R=0.9069>R_{0.05,6}=0.7070$，说明西瓜叶片可溶性糖/氮比值与西瓜抗蚜性显著正相关。

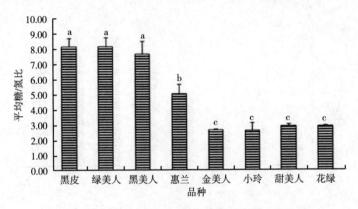

图3-17　抗、感西瓜品种叶组织中可溶性糖/氮比比较

3.4.2.4　抗、感西瓜品种叶组织中游离氨酸含量测定与比较

从图3-18可知，高抗品种黑皮、绿美人和抗性品种黑美人和惠兰的游离氨基酸含量分别为2.62mg/g、2.62mg/g、2.64mg/g和2.77mg/g，感虫品种金美人、小玲和高感品种甜美人和花绿的游离氨基酸含量分别为3.44mg/g、3.43mg/g、3.83mg/g和3.64mg/g，抗、感西瓜叶片组织中游离氨基酸含量存在显著差异（$P<0.05$）。相关分析表明，$R=0.9267>R_{0.05,6}=0.7070$，说明西瓜叶片游离氨基酸含量与西瓜抗蚜性显著负相关。

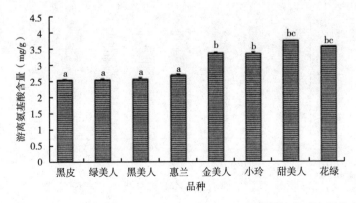

图3-18　蚜虫为害前后抗、感西瓜品种叶组织中游离氨基酸含量比较

3.4.2.5 抗、感西瓜品种叶组织中脯氨酸含量测定与比较

从图3-19可知，高抗品种黑皮、绿美人和抗性品种绿美人、黑美人和惠兰叶片组织中脯氨酸含量为0.23～0.46mg/g，感虫品种金美人、小玲和高感品种甜美人、花绿的脯氨酸含量为0.67～0.87mg/g，高抗和抗性品种叶组织内脯氨酸含量显著小于高感和感性品种（$P<0.05$）。相关分析表明，$R=0.8671>R_{0.05,\ 6}=0.7070$，说明西瓜叶片脯氨酸含量与西瓜抗蚜性显著负相关。

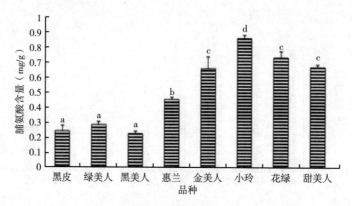

图3-19　抗、感西瓜品种叶组织中脯氨酸含量比较

3.4.2.6 抗、感西瓜品种叶组织中维生素C含量测定与比较

从图3-20可知，抗性品种与感性品种的叶片叶组织维生素C含量无显著差异。高抗品种黑皮、绿美人和抗性品种绿美人、黑美人和惠兰叶片组织中维生素C含量为1.66～1.71mg/g，感蚜品种金美人、小玲和高感品种甜美人、花绿的脯氨酸含量为1.65～1.72mg/g。相关分析表明，$R=0.098<R_{0.05,\ 6}=0.7070$，说明西瓜叶片叶组织维生素C含量与西瓜抗蚜性无相关性。

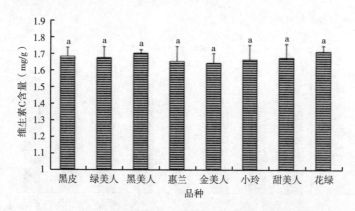

图3-20　抗、感西瓜品种叶组织中维生素C含量比较

3.4.2.7　瓜蚜取食前后抗、感西瓜品种叶组织中总酚含量测定与比较

从图3-21可知，瓜蚜取食后，抗、感西瓜品种总酚含量有不同程度的变化。高抗品种黑皮、绿美人和抗性品种黑美人、惠兰的总酚含量分别是取食前的1.29倍、1.35倍、1.16倍和1.15倍，感性品种金美人、小玲和高感品种甜美人、花绿的总酚含量分别是取食前的0.67倍、0.69倍、0.65倍和0.73倍。抗、感西瓜品种的总酚含量变化存在显著差异（$P<0.05$）。相关分析表明，$R=0.8947>R_{0.05,6}=0.7070$，说明西瓜受瓜蚜侵害后叶组织内总酚含量的增加与西瓜抗蚜性显著正相关。

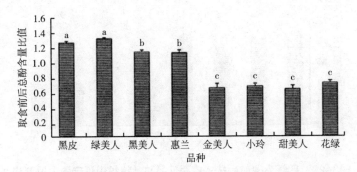

图3-21　瓜蚜为害前后抗、感西瓜品种叶组织中总酚含量变化

3.4.2.8　瓜蚜取食前后抗、感西瓜品种叶组织中丙二醛含量测定与比较

从图3-22可知，抗、感品种MDA含量在瓜蚜侵害后均有不同程度的增加。其中，高抗品种黑皮、绿美人和抗性品种黑美人、惠兰的MDA含量分别是接蚜前的1.46倍、1.43倍、1.47倍和1.43倍，感蚜品种金美人、小玲和高感品种甜美人、花绿的MDA含量分别是接蚜前的1.92倍、2.00倍、2.21倍和2.05倍，感性和高感品种的MDA含量变化显著高于高抗和抗性品种（$P<0.05$）。相关分析表明，$R=0.8946>R_{0.05,6}=0.7070$，西瓜受瓜蚜侵害后叶组织内丙二醛含量的增加与西瓜抗蚜性显著负相关。

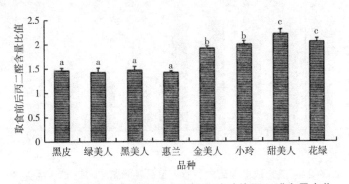

图3-22　瓜蚜为害前后抗、感西瓜品种叶片丙二醛含量变化

3.4.2.9 瓜蚜取食前后抗、感西瓜品种叶组织中单宁酸含量测定与比较

从图3-23可知，抗、感品种单宁酸含量在瓜蚜侵害后均有不同程度的增加，其中，高抗品种黑皮、绿美人和抗性品种黑美人、惠兰的单宁酸含量分别是接虫前的2.04倍、2.10倍、2.06倍和2.19倍，感蚜品种金美人、小玲和高感品种甜美人、花绿的单宁酸含量分别是接虫前的0.72倍、0.37倍、1.03倍和1.02倍。瓜蚜取食前后抗、感西瓜品种的单宁酸含量变化存在显著差异（$P<0.05$）。相关分析表明，$R=0.7578>R_{0.05,\ 6}=0.7070$，西瓜受瓜蚜侵害后叶组织内单宁酸含量的增加与西瓜抗蚜性显著正相关。

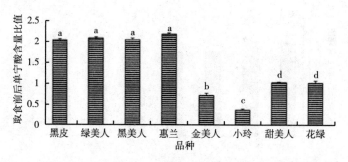

图3-23　瓜蚜为害前后抗、感西瓜品种叶组织中单宁酸含量变化

3.4.2.10 瓜蚜取食前后多酚氧化酶（PPO）活性测定与比较

从图3-24可以看出，瓜蚜取食后抗、感西瓜品种叶组织内PPO活性均有变化，高抗和抗性品种叶组织内PPO活性升高迅速，高抗品种黑皮、绿美人和抗性品种黑美人、惠兰叶组织内PPO活性分别是接蚜前的2.06倍、1.93倍、2.23倍和2.16倍，感虫品种金美人、小玲和高感甜美人、花绿叶组织内PPO活性分别是取食前1.10倍、1.00倍、1.18倍和1.12倍，酶活性水平较低，明显低于高抗和抗蚜品种（$P<0.05$）。相关分析表明，$R=0.8144>R_{0.05,\ 6}=0.7070$，说明西瓜受瓜蚜侵害后叶组织内PPO活性的增强与西瓜抗蚜性显著正相关。

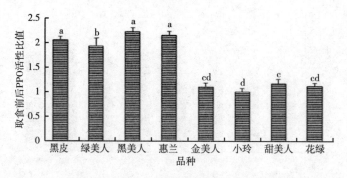

图3-24　瓜蚜取食前后抗、感西瓜品种叶组织内PPO活性变化

3.4.2.11　瓜蚜取食前后过氧化物酶（POD）活性测定与比较

从图3-25可以看出，瓜蚜取食后抗、感品种叶组织内POD活性有不同程度的升高。其中，高抗品种黑皮、绿美人和抗性品种黑美人、惠兰取食前后叶组织内POD活性差异显著，分别是接蚜前的2.86～3.78倍。感性品种金美人、小玲和高感品种甜美人、花绿叶组织内POD活性升高缓慢，分别是接蚜前的1.12～1.19倍。高抗和抗性品种POD活性显著高于感虫和高感品种（$P < 0.05$）。相关分析表明，$R = 0.8054 > R_{0.05, 6} = 0.7070$，说明西瓜受瓜蚜侵害后叶组织内POD活性的增强与西瓜抗蚜性显著正相关。

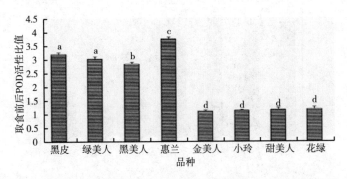

图3-25　瓜蚜取食前后抗、感西瓜品种叶组织内POD活性变化

3.4.2.12　瓜蚜取食前后过氧化氢酶（CAT）活性测定与比较

从图3-26可以看出，瓜蚜取食后抗、感品种叶组织内CAT活性有不同程度的升高。高抗品种黑皮、绿美人和抗性品种黑美人和惠兰接蚜后叶组织内CAT活性迅速增加，分别为接蚜前的2.13倍、1.72倍、2.59倍和1.78倍。感虫品种金美人、小玲和高感品种甜美人、花绿CAT活性变化不大，仅为取食前的1.03倍、1.13倍、1.05倍和1.11倍，增幅显著低于感虫和高感品种（$P < 0.05$）。相关分析表明，$R = 0.7798 > R_{0.05, 6} = 0.7070$，说明西瓜受瓜蚜侵害后叶组织内CAT活性的增强与西瓜抗蚜性显著正相关。

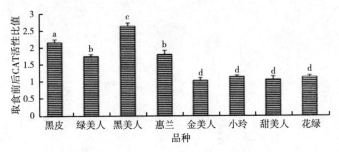

图3-26　瓜蚜取食前后抗、感西瓜品种叶组织内CAT活性变化

3.4.2.13 瓜蚜取食前后超氧化物歧化酶（SOD）活性测定与比较

由图3-27可知，高抗品种黑皮、绿美人和抗性品种黑美人、惠兰接蚜后叶组织内SOD活性明显增加，分别是接蚜前的3.29倍、3.08倍、3.59倍和2.77倍。感性品种金美人、小玲、甜美人和花绿接蚜后SOD活性变化不大，仅为取食前的1.10倍、1.05倍、1.16倍和1.21倍，增幅显著低于感虫和高感品种（$P<0.05$）。相关分析表明，$R=0.869\,3>R_{0.05,\,6}=0.707\,0$，说明西瓜受瓜蚜侵害后叶组织内SOD活性的增强与西瓜抗蚜性显著正相关。

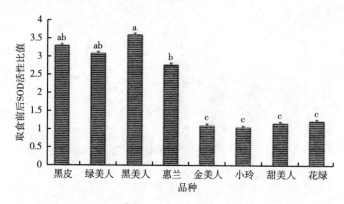

图3-27 瓜蚜取食前后抗、感西瓜品种叶组织内SOD活性变化

3.4.2.14 瓜蚜取食前后抗坏血酸过氧化物酶（AsA-POD）活性测定与比较

由图3-28可知，高抗品种黑皮、绿美人和抗性品种黑美人、惠兰接蚜后叶组织内AsA-SOD活性迅速升高，分别是接蚜前的2.38倍、2.12倍、2.83倍和2.29倍。感虫品种金美人、小玲和高感品种甜美人、花绿接蚜后AsA-POD活性分别是接蚜前的1.17倍、1.14倍、1.18倍和1.16倍，增长幅度明显小于高抗品种和抗性品种（$P<0.05$）。相关分析表明，$R=0.817\,5>R_{0.05,\,6}=0.707\,0$，说明西瓜受瓜蚜侵害后叶组织内AsA-POD活性的增强与西瓜抗蚜性显著正相关。

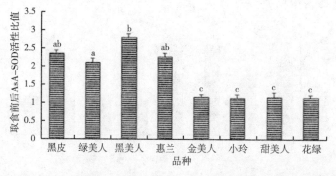

图3-28 瓜蚜取食前后抗、感西瓜品种叶组织内AsA-SOD活性变化

3.4.3 小结

（1）发现叶组织中可溶性氮、游离氨基酸和脯氨酸含量与西瓜品种抗蚜性显著负相关，而糖/氮比与西瓜品种抗蚜性显著正相关，但抗、感品种间可溶性糖和维生素C含量无显著差异。

（2）发现瓜蚜取食前后叶组织中总酚和单宁酸含量变化与西瓜品种抗蚜性显著正相关，丙二醛含量变化与西瓜品种抗蚜性显著负相关。

（3）发现PPO、POD、CAT、SOD和AsA-SOD酶活性的增加与西瓜品种抗蚜性显著正相关。

3.5　与西瓜抗蚜性基因连锁的分子标记

3.5.1　材料与方法

3.5.1.1　供试辣椒品种

选用经抗性鉴定对瓜蚜（*Aphis gossypii* Glover）的抗性表现稳定的高抗品种黑皮和绿美人、抗性品种黑美人和惠兰、高感品种花绿和甜美人、感性品种金美人和小玲作为代表性试验材料；F_1代群体由黑皮和花绿为亲本进行正反杂交结实获得，F_2代群体由F_1代杂种单株自交结实获得。

3.5.1.2　试验方法

（1）总DNA提取与质量检测。

①取0.1g左右的幼嫩叶片，在液氮中冷冻干燥研磨粉碎后置于2ml Eppendor管中，并迅速加入500ml提取液，漩涡器上剧烈涡旋混匀，冰浴30min。②加入30ml 20% SDS，65℃温浴10min，间断轻轻上下颠倒混匀。③加入75ml 5M NaCl，温和混匀。④加入75ml 10×CTAB，65℃温浴10min，间断轻轻上下颠倒混匀。⑤加入700ml氯仿，充分混匀，12 000rpm离心5min。⑥将上清液转移至一洁净的1.5ml Eppendorf管中，加入600ml异丙醇，轻轻上下颠倒混匀。⑦12 000rpm离心5min。⑧70%乙醇漂洗2次，室温凉干。⑨加入50ml×TE溶解DNA。⑩取2ml琼脂糖凝胶电泳检测DNA质量，并用DU800分光光度仪测定浓度（Beckman Instrument Inc. USA）。

（2）DNA质量检测。采用微量紫外分光光度法和1%琼脂糖凝胶电泳法对提取得到的DNA质量进行检测，根据OD_{260}/OD_{280}比值及琼脂糖凝胶电泳带谱确定总DNA提取质量和浓度。

（3）与抗蚜性基因连锁的RAPD标记的筛选与验证。采用BSA方法，从F_2代抗、感群体中各选取10个症状明显的单株DNA等量混合，构成抗虫和感虫基因池。以这两池DNA为模板，应用随机引物同时进行PCR扩增初步筛选引物。然后再以这两池DNA、两亲本、F₁代以及F₂代抗、感各一个单株DNA为模板，对初步筛选出的RAPD引物进行PCR扩增，筛选与西瓜抗蚜性基因连锁的RAPD标记，经2～3次重复后再对用以构建抗虫和感虫混合基因池的20个F₂单株和8个供试抗、感品种进行PCR扩增，进一步验证RAPD标记的可靠性。

（4）与西瓜抗蚜性基因连锁的SCAR标记验证。以RAPD标记序列为模板设计1对SCAR引物S12（引物1：5'-TGAGGATGTGATAGGACT-3'；引物2：5'-TAGTTTGTGGCTCAGTCT-3'）进一步对20个F₂代单株和包括杂交组合亲本在内的抗、感品种单株进行PCR扩增验证。扩增反应总体积25μl，反应液中含模板DNA 50ng，Mg^{2+} 2mM，dNTP 0.2mM，Taq酶1.5U，引物0.64pmol/μl，10×buffer 2.5μl。PCR扩增程序为：95℃预变性3min，94℃变性20s，36℃退火40s，72℃延伸80s，40次循环，最后一个循环72℃延伸3min，然后4℃保存。

3.5.2　结果与分析

3.5.2.1　西瓜抗蚜性基因连锁的RAPD标记的筛选

以抗性稳定的抗蚜西瓜品种黑皮和感蚜西瓜品种花绿为亲本正反杂交后代F₂抗、感混合DNA池为模板，从北京三博远志生物技术有限责任公司的89个随机引物中筛选出有多态性差异的引物5个（图3-29）。然后以F₂代抗、感混合DNA池、两亲本、F₁代以及F₂代抗、感各一个单株DNA为模板，对这5个引物进一步筛选，最终筛选出一个重复性好、扩增条带清晰可辨、片段大小约为600bp的一条差异带，在上述抗虫DNA池中存在而在感虫DNA池中不存在，将其命名为WO4₆₀₀（图3-30）。

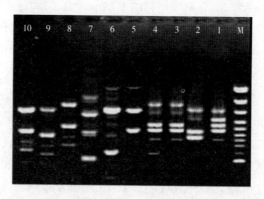

图3-29　引物WO4、WO9、WO18、WO27、WO39在F₂代抗、感DNA混合池的PCR扩增
注：1、2. 引物WO4；3、4. 引物WO9；5、6. 引物WO18；7、8. 引物WO27；9、10. WO39；M. DNA marker

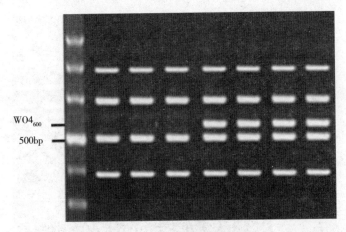

图3-30 引物WO4对抗感亲本、F_1、F_2抗及感混合DNA池、F_2抗及感单株的PCR扩增

注：1. F_2代感蚜混合DNA池；2. 感蚜亲本花绿；3. F_2代感蚜单株；4. F_2代抗蚜混合DNA池；5. 抗蚜亲本黑皮；6. F_1代；7. F_2代抗蚜单株；M. DNA marker

3.5.2.2 RAPD标记$WO4_{600}$在F_2群体和其他供试抗、感品种中的验证

用引物WO4对用以构建抗、感DNA混合池的20个F_2单株和包括杂交组合亲本在内的供试抗、感品种进行PCR扩增，结果表明，10个F_2抗蚜单株和4个抗蚜品种DNA池均能扩增出，而10个F_2感蚜单株和4个感蚜品种DNA池均未能扩增出$WO4_{600}$条带（图3-31、图3-32），重复3次，结果一致，由此可确定$WO4_{600}$是与西瓜抗蚜性基因连锁的RAPD标记。

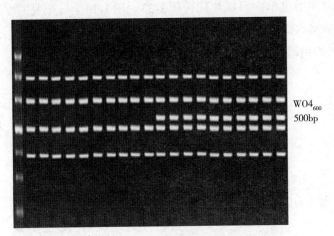

图3-31 引物WO4对F_2代20个抗、感单株的PCR扩增

注：1~10. F_2代抗蚜单株；11~20. F_2代感蚜单株；M. DNA marker

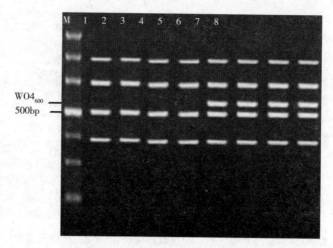

图3-32　引物WO4对8个供试抗、感品种的PCR扩增

注：1～4分别为感蚜品种花绿、甜美人、金美人和小玲花绿；5～8分别为抗蚜品种黑皮、绿美人、黑美人和惠兰；M. DNA marker

3.5.2.3　SCAR引物的设计及其在F₂群体和其他供试抗、感品种中的验证

以RAPD标记WO4$_{600}$序列为模板设计1对SCAR引物WO4-S（5'-GCTAACGT CCATAGGACT-3'；5'-TAGTTCCTGGCTCAGACT-3'）进一步对20个F₂代单株和包括杂交组合亲本在内的抗、感品种单株进行PCR扩增，结果表明，10个F₂抗蚜单株和4个抗蚜品种DNA池均能扩增出，而10个F₂感蚜单株和4个感蚜品种DNA池均未能扩增出单一目标片段（图3-33、图3-34），重复3次，结果一致，由此可确定WO4-S特异性强，是与西瓜抗蚜性基因连锁的SCAR标记。这为西瓜抗蚜育种材料的精确鉴定提供了技术支撑。

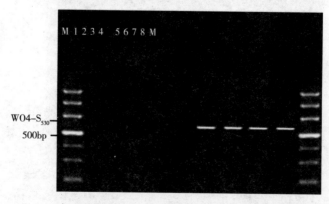

图3-33　引物WO4-S对8个供试抗、感品种的扩增结果

注：1～4. 感蚜品种；5～8. 抗蚜品种；M. DNA marker

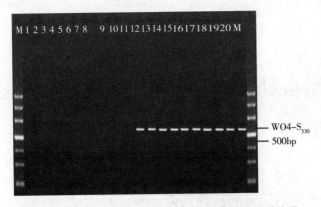

图3-34 引物WO4-S对F$_2$代抗、感单株的扩增结果

注：1～10. 感蚜单株；11～20. 抗蚜单株；M. DNA marker

3.5.3 小结

（1）获得一个片段大小约为600bp的与西瓜抗蚜性基因连锁的RAPD标记WO4$_{600}$。

（2）成功将RAPD标记WO4$_{600}$转化为片段大小为530bp的与西瓜抗蚜性基因连锁的SCAR标记S12$_{560}$，为西瓜抗蚜育种材料的鉴定与筛选及定位、克隆该基因奠定初步基础。

3.6 抗蚜、高产、优质西瓜品种高效种植示范、应用与推广

2010—2013年，抗蚜、高产、优质西瓜品种在海南15个市县累计示范、应用面积123万亩，技术覆盖海南所有万亩大田洋无公害瓜菜生产基地，防效达90%以上，亩增产20%以上，节约农药、劳务等30%以上，达到产品安全高效生产、害虫有效绿色防控、产地生态环境安全和农民增产增收四重效果，取得良好的经济效益、社会效益和生态效益。

4 棉铃虫对阿维菌素的抗药性监测与综合治理

4.1 棉铃虫对阿维菌素的抗性调查

4.1.1 材料与方法

4.1.1.1 供试虫源

2003—2008年在两院（中国热带农业科学院与华南热带农业大学的简称）、东方（感城、罗带、名山）、定安、崖城、黄流、金江、琼海、通什常用阿维菌素的花生地采集棉铃虫龄幼虫，采回后在室内25℃下饲养3d，然后挑取体色大小一致的3龄幼虫用于生物测定。

4.1.1.2 药剂与试剂

1.8%阿维菌素乳油为北京升华世佳工贸有限公司产品，其他试剂为国内分析纯。

4.1.1.3 生物测定方法

采用浸渍法。以清水为对照，每处理重复3次，每重复棉铃虫5龄幼虫30头，浸泡时间10s，处理后置25℃下检查各处理后24h、48h死亡虫数，计算校正死亡率，并用POLO软件计算LC_{50}值和毒力回归方程的斜率（b）。

4.1.2 结果与分析

2003—2008年抗性调查结果表明，以两院棉铃虫种群为抗性对照，感城棉铃虫种群对阿维菌素的抗药性分别提高4.91倍、10.29倍、13.75倍、18.12倍、28.99倍、33.66倍；罗带棉铃虫种群分别提高7.41倍、10.75倍、16.88倍、18.78倍、26.45倍、30.19倍；名山棉铃虫种群分别提高5.31倍、6.08倍、9.78倍、15.34倍、20.32倍、26.69倍；定安棉铃虫种群分别提高6.11倍、3.7倍、5.44倍、10.23倍、13.66倍、18.79倍；崖城棉铃虫种群分别提高5.49倍、12.33倍、15.69倍、20.69倍、26.99倍、35.56倍；黄流棉铃虫种群分别提高6.22倍、11.68倍、16.66倍、

22.73倍、28.98倍、35.82倍；金江棉铃虫种群分别提高2.32倍、4.56倍、8.77倍、16.56倍、22.32倍、30.22倍；琼海棉铃虫种群分别提高4.56倍、8.97倍、15.65倍、21.89倍、29.79倍、35.56倍；通什棉铃虫种群分别提高1.22倍、2.32倍、5.66倍、5.69倍、6.78倍、8.78倍（图4-1）。而且上述地区棉铃虫种群的毒力回归方程的b值均明显小于两院棉铃虫种群，说明上述地区棉铃虫种群对阿维菌素敏感性的异质性强。

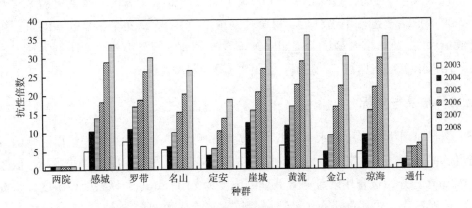

图4-1　海南不同地区棉铃虫种群对阿维菌素的抗性

4.1.3　小结

海南不同地区棉铃虫种群对阿维菌素均产生了抗药性，抗性发展十分迅速；而且各地区棉铃虫种群对阿维菌素敏感性的异质性强，如不合理使用阿维菌素防治上述地区害虫的发生与为害，必将汰选出对阿维菌素抗性更强的种群，应引起高度重视。

4.2　棉铃虫对阿维菌素的抗性选育

4.2.1　材料与方法

4.2.1.1　供试昆虫及饲养

棉铃虫种群采自海南儋州宝岛新村花生地，阿维菌素抗性品系（AV-R）由儋州棉铃虫种群在室内汰选所得，阿维菌素敏感品系（D-S）由同源的儋州棉铃虫种群在不接触药剂情况下同步饲养所得。室内饲养采用范贤林等的人工饲料法。

4.2.1.2　药剂与试剂

1.8%阿维菌素乳油为北京升华世佳工贸有限公司产品，其他试剂为国内分析纯。

4.2.1.3 抗性选育方法

当棉铃虫幼虫群体多数进入3龄时，根据上一代对阿维菌素的毒力测定结果，配制杀死种群70%~80%的剂量，将药液与人工饲料混匀后继续饲养直到化蛹。逐代进行汰选，隔1~2代进行一次毒力测定。

4.2.1.4 生物测定方法

选取大小一致的3龄幼虫（10mg/头），以蒸馏水（含0.01%乳化剂）作对照，采用点滴法进行生物测定。每个药剂浓度重复3次，每个重复90头幼虫，统计48h死亡虫数。增效剂试验按照阿维菌素的最高浓度与增效醚的比例为1：3进行。用POLO软件计算LC_{50}值和毒力回归方程的斜率（b）。

4.2.2 结果与分析

选择对阿维菌素抗性水平较低的两院田间种群，分成两组。一组以阿维菌素进行抗性选育。另一组不接触药剂同步饲养。选育前（F_0代）3龄幼虫的LC_{50}值为0.012μg/g。开始选育用阿维菌素处理的浓度为0.101 6μg/g，以后处理浓度逐步提高。饲养27代，每代都进行施药。随着抗性选育代数的增加，LC_{50}值逐渐增大，抗性水平不断提高。在药剂选育初期（F_0~F_3代），抗性发展变化不大，抗性倍数在10以下。从F_3~F_7代，抗性逐渐上升，LC_{50}值由选育前的0.012μg/g上升为0.81μg/g，抗性达67.4倍，至F_{21}代，抗性达到选育前的121.19倍；F_{21}~F_{27}代，抗性迅速增长，LC_{50}值由选育前的0.012μg/g上升为9.86μg/g，达到选育前的821.67倍，抗性发展趋势呈现S形曲线（图4-2）。

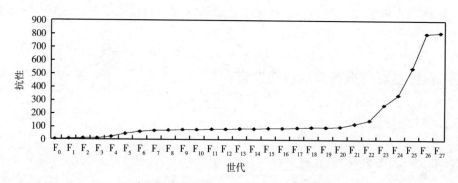

图4-2 棉铃虫对阿维菌素的抗性选育

注：抗性比为F_1~F_{27}代棉铃虫的LC_{50}与F_0代棉铃虫的LC_{50}（0.012μg/g）的比值

4.2.3 小结

棉铃虫对阿维菌素的抗性发展趋势呈现S形曲线。

4.3　棉铃虫对阿维菌素的抗性遗传

4.3.1　材料与方法

4.3.1.1　供试昆虫及饲养

棉铃虫种群采自海南儋州宝岛新村花生地，阿维菌素抗性品系（AV-R）由儋州棉铃虫种群在室内汰选所得，阿维菌素敏感品系（D-S）由同源的儋州棉铃虫种群在不接触药剂情况下同步饲养所得。室内饲养采用范贤林等的人工饲料法。

4.3.1.2　抗性遗传方式分析

选择抗性稳定的阿维菌素抗性品系（AV-R）与敏感品系（D-S）进行群体杂交组合（♀：♂=1：1）。正交：抗性♀×敏感♂得到F_1（RS）；反交：敏感♀×抗性♂得到F_1（SR）。F_1（RS）和F_1（SR）分别自交得到F_2代，F_1（SR）。F_1（RS）和F_1（SR）分别与亲本回交得到BC代。最后采用与抗性选育生物测定相同的方法分别测定亲本（AV-R与D-S）、F_1、F_2、BC代对阿维菌素的敏感性，用POLO软件计算LC_{50}值和毒力回归方程的斜率（b），并根据Stone提出的Floconer公式测定抗性显性度（D）。

$$D = \frac{2 \times LC_{50}(RS) - LC_{50}(RR) - LC_{50}(SS)}{LC_{50}(RR) - LC_{50}(SS)}$$

测试单基因遗传还是多基因遗传的方法，按照公式E（BC）=（$W1$或$W3$）×0.5+$W2$×0.5和E（F_2）=W_1×0.25+W_2×0.5+W_3×0.25计算BC和F_2代在某个剂量下的期望死亡率，其中W_1、W_2、W_3分别表示S、F_1、R在相应剂量下的实际死亡率。再根据公式X^2=（$M-pn$）/pqn计算出对应于某个剂量的X^2值，其中，M为在某计量的实际死亡虫数，p为期望死亡百分率，$q=1-p$，n为此剂量总的测试虫数。最后对BC和F_2的一系列期望值和观察值进行适合性分析。如果$\sum X^2 > \sum X^2_{0.05,\ (df=n-1)}$，说明结果与期望不相符，即抗性为多基因遗传；反之，则表明结果与期望相符，抗性为单基因遗传。

4.3.2　结果与分析

通过阿维菌素抗性品系和敏感品系正反杂交及其F_1代自交和F_1代同亲本回交，结果表明，抗性基因频率显著下降，F_1代只有25.67～26.75倍的抗性，F_2代只有23.08～43.75倍的抗性；RS与SR种群的LC_{50}值差异不显著，而且95%置信限基本重合；随机抽取RS与SR种群各500头幼虫检验，后代性比近似保持在1：1（表4-1），说明棉铃虫对阿维菌素的抗性为常染色体遗传。

采用Floconer公式进行抗性显性度测定结果显示，F_1（RS）为-0.971 2，F_1（SR）为-0.969 8，-1<D<0，说明棉铃虫对阿维菌素的抗性为不完全隐性遗传。适合性X^2检验结果表明，RR×RS$\sum X^2_{BC_1}$=129.99>$\sum X^2_{0.05, 11}$=19.66；SR×RR$\sum X^2_{BC_2}$=28.23>$\sum X^2_{0.05, 9}$=16.919；SR×SR$\sum X^2_{F_2}$=39.16>$\sum X^2_{0.05, 12}$=21.03，X检验不符合但基因假设，说明棉铃虫对阿维菌素的抗性为多基因遗传。

表4-1 阿维菌素对棉铃虫各品系的毒力

棉铃虫品系	斜率b值±SE	LC50（95%CL）（μg/g）	抗性指数	性比♀：♂
SS	1.186±0.182	0.012（0.089~0.023）	1.00	1.33
AV-R（RR）	0.824±0.155	9.86（0.548~2.325）	821.67	1.38
F1（RS）	1.158±0.128	0.308（0.016~0.066）	25.67	1.22
F1（SR）	1.605±0.203	0.321（0.028~0.062）	26.75	1.16
F2（RS×RS）	1.179±0.147	0.525（0.048~0.102）	43.75	1.24
F2（SR×SR）	1.146±0.152	0.277（0.022~0.058）	23.08	1.15
BC（RR×RS）	0.697±0.101	0.299（0.021~0.076）	24.92	1.19
BC（RS×RR）	1.237±0.134	0.642（0.058~0.132）	53.50	1.21
BC（RS×SS）	1.119±0.137	0.212（0.016~0.042）	17.67	1.18
BC（SS×SR）	1.368±0.181	0.241（0.016~0.052）	20.08	1.15

4.3.3 小结

棉铃虫对阿维菌素的抗性可能为多基因控制的常染色体、不完全隐性遗传。

4.4 棉铃虫对阿维菌素的抗性机理

4.4.1 材料与方法

4.4.1.1 供试昆虫及饲养

同抗性选育。

4.4.1.2 化学试剂与药剂

1.8%阿维菌素乳油为北京升华世佳工贸有限公司产品，α-乙酸萘酯（α-NA）和β-乙酸萘酯（β-NA）为上海化学试剂总厂产品，固蓝B盐和碘化硫代乙酰胆碱（ATCh）为Fluka公司产品，5，5'-二硫双硝基苯甲酸（DTNB）为Roth公司产品，还原型谷胱甘肽（GSH）和1-氯-2，4-二硝基苯（CDNB和毒扁豆碱为Sigma公司产品。其他试剂均为国内分析纯。

4.4.1.3 酶液提取与活性测定

（1）羧酸酯酶（CarE）活性测定。参照郑炳宗等的方法。将10mg/头3龄幼虫饥饿12～24h后置于pH值7.0，0.04mol/L的磷酸缓冲液中匀浆，制备的酶液冰浴待测。以α-NA或β-NA为底物（含毒扁豆碱10^{-5}mol/L），在30℃水浴反应15min，然后加入1ml显色液终止反应，分别在600nm和555nm处测定光密度值，重复3次。

（2）谷胱甘肽转移酶（GST）活性测定。将饥饿12～24h的3龄幼虫胸腹部置于pH值6.5，0.1mol/L磷酸缓冲液匀浆，制备的酶液冰浴待测。参考Habig的方法，取2.7ml pH值6.5，0.1mol/L的磷酸钾缓冲液，0.1mlGSH，0.1ml酶液加入到比色杯中，用UV-1700型分光光度计在340nm下调零，而后加入0.1ml CDNB使反应开始，U-135C型数据记录仪采集数据，重复3次。

（3）乙酰胆碱酯酶（AChE）活性测定。将饥饿12～24h的3龄幼虫头部置于pH值7.5，0.1mol/L磷酸缓冲液匀浆，制备的酶液冰浴待测。采用Gorun等改进的Ellman等的方法。取待测酶液0.1ml与0.1ml底物（ATCh，10mmol/L）混匀，在30℃水浴反应15min，然后加入3.6ml DTNB（10^{-5}mol/L）乙醇（40%）溶液终止反应并显色，在412nm处测定光密度值，重复3次。

（4）乙酰胆碱酯酶（AChE）活性测定。增效剂试验按照阿维菌素的最高浓度与增效醚的比例为1∶3进行。生物测定方法同抗性选育。用POLO软件计算LC_{50}值和毒力回归方程的斜率（b）。

4.4.2　结果与分析

4.4.2.1　阿维菌素选育种群不同世代羧酸酯酶（CarE）的活性变化

由图4-3和图4-4可以看出，阿维菌素对棉铃虫选育27代后同选育前相比，CarE活性F_{27}代是F_0代的2.52倍（α-NA）和2.83倍（β-NA），差异显著（$P<0.05$），而且从F_{20}开始，活性在较高水平上波动，表明棉铃虫对阿维菌素抗性水平的提高可能与CarE的活性增强有关。

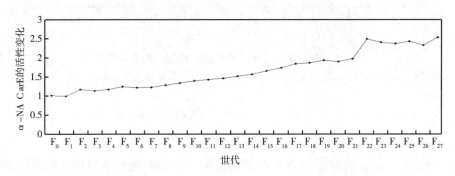

图4-3　阿维菌素选育种群不同世代α-NA CarE的活性变化

注：α-NA CarE的活性比为F_1～F_{27}代棉铃虫的α-NA CarE活性与F_0代棉铃虫的β-NA CarE活性的比值

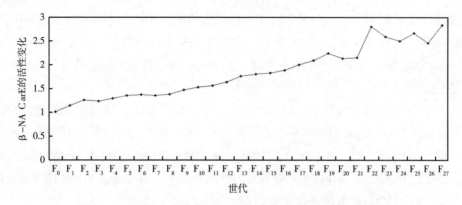

图4-4   阿维菌素选育种群不同世代 β–NA CarE的活性变化

注：β-NA CarE的活性比为F_1～F_{27}代棉铃虫的 β-NA CarE活性与F_0代棉铃虫的 β-NA CarE
活性的比值

4.4.2.2   阿维菌素选育种群不同世代谷胱甘肽转移酶（GST）的活性变化

由图4-5可以看出，阿维菌素对棉铃虫选育27代后同选前相比，GST活性F_{27}代是F_0代的2.12倍，差异显著（$P<0.05$），且从F_{16}开始，活性在较高水平上波动，表明棉铃虫对阿维菌素抗性水平的提高可能与GST的活性增强有关。

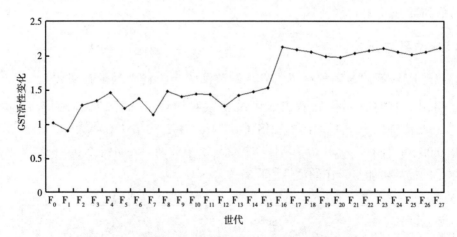

图4-5   阿维菌素选育种群不同世代GST的活性变化

注：GST的活性比为F_1～F_{27}代棉铃虫的GST活性与F_0代棉铃虫的GST活性的比值

4.4.2.3   阿维菌素选育种群不同世代乙酰胆碱酯酶（AChE）的活性变化

由图4-6可以看出，阿维菌素对棉铃虫选育27代后同选育前相比，随着选育代数的增加，对AChE的活性没有显著的影响。这表明棉铃虫对阿维菌素抗性水平的提高与AChE无关。

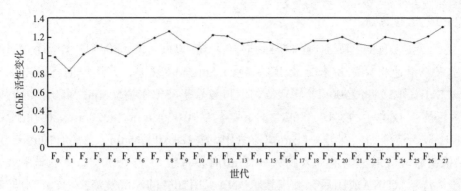

图4-6 阿维菌素选育种群不同世代AChE的活性变化

注：AChE的活性比为$F_1 \sim F_{27}$代棉铃虫的AChE活性与F_0代棉铃虫的AChE活性的比值

4.4.2.4 增效剂对阿维菌素抗性品系的增效作用

对阿维菌素抗性品系以阿维菌素加增效剂（Pb）和不加Pb两种处理进行生物测定，阿维菌素抗性品系的毒力LC_{50}值为9.86μg/g，加增效剂（Pb）后，LC_{50}值降为1.47μg/g，增效6.77倍（表4-2）。说明多功能氧化酶（MFO）活性提高是棉铃虫对阿维菌素产生抗性的机制之一。

表4-2 增效剂（Pb）对F_{27}代阿维菌素抗性品系的增效作用

处理	LC_{50}（μg/g）	与F_0代棉铃虫的LC_{50}的比值.
阿维菌素	9.86	822
阿维菌素加增效剂	1.47	123

注：F_0代棉铃虫的LC_{50}的为0.012μg/g

4.4.3 小结

棉铃虫对阿维菌素的抗性机理可能涉及多功能氧化酶（MFO）、谷胱甘肽转移酶（GST）、羧酸酯酶（CarE）等多个酶系统，且可能与阿维菌素的靶标受体GABA的变构有关。从以上多种抗性机制分析，棉铃虫对阿维菌素的抗性遗传可能为多基因控制，这与遗传分析结果一致。

4.5 棉铃虫对阿维菌素抗性的分子快速检测技术

4.5.1 材料与方法

4.5.1.1 供试昆虫及饲养

同抗性选育。

4.5.1.2 试验方法

（1）总DNA提取与质量检测。取30头5龄幼虫，液氮冷冻脱水干燥并研磨成粉末。迅速将样品粉末分装于3～4管1.5ml离心管中，并迅速向各管中加入2×CTAB提取缓冲液500μl，轻轻摇匀后将各管于65℃水浴50min。取出向各管中加入氯仿-异戊醇（24：1）500μl，轻轻摇匀后10 000r/min离心20min。用1ml枪头轻轻吸取上清液加入到另一1.5ml离心管中，并在10 000r/min下再离心10min。用1ml枪头轻轻吸取上清液加入到另一1.5ml离心管中，加入500μl冷藏的异丙醇，轻摇，待絮状DNA成团后，挑出絮状DNA，用70%的乙醇洗涤3～4次，自然晾干，待酒精挥发后用100μl 0.1×TE溶解，并采用紫外分光光度法和琼脂糖凝胶电泳法对提取得到的DNA质量进行检测，根据OD_{260}/OD_{280}比值及琼脂糖凝胶电泳带谱确定总DNA提取质量和浓度。

（2）与阿维菌素抗药性基因连锁的RAPD标记的筛选。采用Michelmore等（1991）的BSA方法进行，从F_2代抗、感群体中各选取10个症状明显的单头的DNA等量混合，构成一对抗虫和感虫基因池。以这两池DNA为模板，应用同一随机引物同时进行PCR扩增初步筛选引物。然后再以这两池DNA、两亲本、F_1代以及F_2代抗、感各一个单头DNA为模板，对所筛选出的具有多态性DNA片段的RAPD引物进行PCR扩增，筛选出与棉铃虫对阿维菌素抗药性基因连锁的RAPD标记，经2～3次重复试验进一步验证RAPD标记的可靠性。

（3）与阿维菌素抗药性基因连锁的SCAR标记验证。以RAPD标记$SG22_{560}$为模板设计1对SCAR引物SM进一步对F_2代单头和包括杂交组合亲本在内的抗、感品系单头进行PCR扩增验证。扩增反应总体积25μl，反应液中含模板DNA 50ng，Mg^{2+}2mM，dNTP 0.2mM，Taq酶1.5U，引物0.64pmol/μl，10×buffer 2.5μl。PCR扩增程序为：95℃预变性3min，94℃变性30s，36℃退火40s，72℃延伸80s，40次循环，最后一个循环72℃延伸3min，然后4℃保存。

4.5.2 结果与分析

4.5.2.1 阿维菌素抗药性的RAPD分析

通过各单因子试验，确定了适合于阿维菌素抗性的RAPD分析PCR反应体系和程序。20μlPCR反应体为2.0μl 10×PCR Buffer，1.0μl 10mM dNTP Mixture，0.4μl 5U/μl r-Taq酶，1.0μl 20μM引物，1.2μl 25μM $MgCl_2$，2.0μl 50ng/μl模板DNA，10.4μl ddH_2O。PCR扩增程序为：95℃预变性3min，94℃变性30s，36℃退火40s，72℃延伸80s，36次循环，最后一个循环72℃延伸3min，然后4℃保存。

以抗性稳定的抗、感品系为亲本正反杂交后代F_2抗、感混合DNA池为模板，从上海生工公司180个随机引物中筛选出有多态性差异的引物4个。然后以F_2抗、感混合DNA池、两亲本、F_1代以及F_2代抗、感各一头DNA为模板，对这4个引物进一步筛选，最终筛选出一个重复性好、扩增条带清晰可辨、片段大小约为560bp的一条差异带，在上述抗性品系DNA池中存在而在敏感品系DNA池中不存在，将其命名为$SG22_{560}$（图4-7）。

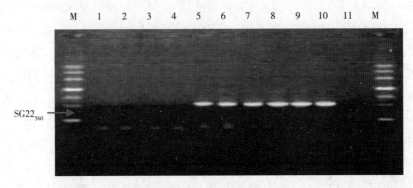

图4-7　与阿维菌素抗药性基因连锁的RAPD标记$SG22_{560}$

注：1、2. F_1敏感个体；3、4. F_2敏感个体；5、6. F_1抗性个体；7、8. F_2抗性个体；9. F_2抗感DNA混合池；10. 抗性亲本（AV-R）；11. 敏感亲本（SS）

4.5.2.2　阿维菌素抗药性的SCAR分析

将RAPD标记$SG22_{560}$在F_2群体和供试抗、感品系中验证，确定$SG22_{560}$是与阿维菌素抗药性基因连锁的RAPD标记；以$SG22_{560}$序列为模板设计1对SCAR引物SM22进一步对F_2代单株和包括杂交组合亲本在内的抗、感品系单头进行PCR扩增，确定SG22是与阿维菌素抗药性基因连锁的SCAR标记（图4-8）。这为阿维菌素抗药性种群的快速鉴定及抗性基因定位、克隆奠定了基础。

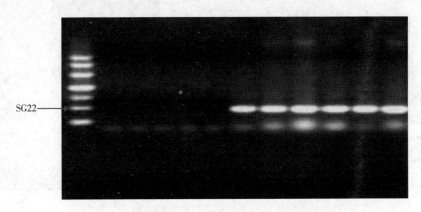

图4-8　与阿维菌素抗药性基因连锁的SCAR标记SM22

注：1、4. F_2敏感个体；5、9. F_2抗性个体；10. 抗性亲本（AV-R）；11. 敏感亲本（SS）

4.5.2.3 棉铃虫对阿维菌素抗性的快速检测试剂盒研发

在获得与阿维菌素抗药性基因连锁的SCAR标记SG22基础上，研发出棉铃虫对阿维菌素抗性的快速检测试剂盒（图4-9），试剂盒具体说明如下。

（1）组分说明。①管1为DNA提取缓冲液。②管2为敏感品系DNA。③管3为5倍抗性品系DNA。④管4为20μM SCAR标记引物SM_{500}。

（2）DNA提取。①5头3～5龄棉铃虫在液氮中冷冻干燥研磨粉碎后置于2ml Eppendof管中，并迅速加入500ml DNA提取缓冲液，混匀后冰浴30min。②加入30ml 20% SDS，65℃温浴10min，间断轻轻上下颠倒混匀。③加入75ml 5M NaCl，温和混匀。④加入75ml 10×CTAB，65℃温浴10min，间断轻轻上下颠倒混匀。⑤加入700ml氯仿，充分混匀，12 000rpm离心5min。⑥将上清液转移至一洁净的1.5ml Eppendorf管中，加入600ml异丙醇，轻轻上下颠倒混匀。⑦12 000rpm离心5min。⑧70%乙醇漂洗2次，室温凉干。⑨加入50ml 1×TE溶解DNA。

（3）PCR反应体系。2.0μl 10×PCR Buffer，1.0μl 10 mM dNTP Mixture，0.4μl 5U/μl r-Taq酶，1.0μl 20μM引物，1.2μl 25μM $MgCl_2$，2.0μl 50ng/μl模板DNA，10.4μl ddH_2O。

（4）PCR反应程序。95℃预变性3min，94℃变性30s，36℃退火40s，72℃延伸80s，36次循环，最后一个循环72℃延伸3min，然后4℃保存。

（5）抗药性确定。与敏感品系和抗性品系比较，采集的100头以上田间棉铃虫能扩增出清晰的SCAR标记SM500，表明对阿维菌素产生了抗药性。

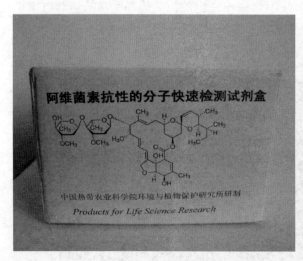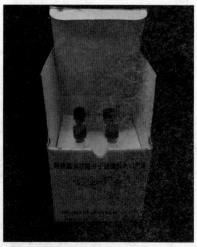

图4-9 棉铃虫对阿维菌素抗性的快速检测试剂盒

4.6　棉铃虫对阿维菌素的抗药性治理

4.6.1　材料与方法

4.6.1.1　供试昆虫及饲养

同抗性选育。

4.6.1.2　供试药剂与肥料

1.8%阿维菌素乳油（北京升华世佳工贸有限公司），2.5%溴氰菊酯乳油（浙江威尔达化工有限公司），20%氰戊菊酯乳油（南京第一农药厂），40%辛硫磷乳油（江苏南通染化厂），苏云金杆菌16 000IU/mg可湿性粉剂（湖北农业科学院Bt研究开发公司），5%氟虫脲乳油（巴斯夫股份有限公司），45%菜园虫清乳油（有效成分：bate-cypermethrin，西安近代农药有限责任公司），10%除尽悬浮剂［有效成分：溴虫腈，巴斯夫贸易（上海）有限公司］，病毒杀虫剂（武汉大学生命科学院研制，湖北绿洲生物技术有限公司出品），2.5%功夫乳油（三氟氯氰菊酯，英国捷利康有限公司农药部），48%乐斯本（毒死蜱）乳油（美国陶氏益农公司产品），20%菜虫净乳油（中国热带农科院环境与植物保护研究所研发出的一种环境友好复合型中试杀虫杀螨药剂），15-15-15复合肥（挪威）。

4.6.1.3　生物测定方法

同抗性调查。

4.6.1.4　田间药效试验

选择多年频繁使用阿维菌素的海南省东方市罗带地区棉铃虫发生严重、条件一致的台湾特大黄皮角辣椒地为药效试验用地。小区面积10m²，随机排列，以清水为空白对照，每处理重复3次，每亩用药液50kg。喷药前每小区标记有虫株，分别于喷药前和喷药后24h、48h、72h调查活虫数，计算虫口减退率和校正死亡率。

4.6.1.5　共毒系数测定方法

共毒系数测定方法同抗性调查生物测定方法，共毒系数计算采用孙云沛的方法。

共毒系数（CTC）=混剂的实际毒力指数×100/混剂的理论毒力指数。

混剂的实际毒力指数=阿维菌素LC_{50}×100/混剂的LC_{50}。

混剂的理论毒力指数=阿维菌素的毒力指数×混剂中阿维菌素的百分含量+有

机磷的毒力指数×混剂中有机磷的百分含量。

阿维菌素（有机磷）的毒力指数=混剂中的阿维菌素（有机磷）LC_{50}×100/阿维菌素（有机磷）LC_{50}。

共毒系数（CTC）接近100表示相加作用，明显大于100表示增效作用，显著小于100表示拮抗作用。

4.6.1.6 棉铃虫羧酸酯酶的提取与活性测定

同抗性机理。

4.6.1.7 菜虫净对辣椒种子发芽率的影响

将我国台湾特大黄皮角辣椒种子用清水洗净后，以清水为对照，分别用菜虫净500倍、1 000倍、1 500倍、2 000倍、2 500倍和3 000倍稀释液浸泡15min，然后再用清水洗净，并在（28±1）℃下用清水浸泡7h，沥干，每处理种子100粒，在室温下观察各处理的种子发芽率。

4.6.1.8 菜虫净对辣椒幼苗生长势的影响

分别以清水和0.3%复合肥（15-15-15，挪威）为对照，分别用菜虫净500倍、1 000倍、1 500倍、2 000倍、2 500倍和3 000倍稀释液对出苗后6d的辣椒植株进行叶面喷雾，每处理重复3次，每重复处理幼苗20株（株行距为30cm×60cm），每7d一次，共进行2次，观察各处理对刚出土的和移栽后的辣椒植株生长势的影响。

4.6.1.9 菜虫净对移栽后辣椒生长势的影响

分别以清水和0.3%挪威复合肥为对照，分别用菜虫净500倍、1 000倍、1 500倍、2 000倍、2 500倍和3 000倍稀释液对移栽后6d的辣椒植株进行叶面喷雾，每处理重复3次，每重复处理幼苗20株（株行距为30cm×60cm），每7d一次，共进行2次，观察各处理对移栽后的辣椒植株生长势的影响。

4.6.2 结果与分析

4.6.2.1 阿维菌素抗性品系与菊酯类、有机磷类、氨基甲酸酯类、Bt、氟虫脲的交互抗性分析

阿维菌素抗性品系及其与敏感品系正反获得的杂交F_1代、F_2代抗性群体对菊酯类、有机磷类、氨基甲酸酯类药剂的敏感性分析结果表明，阿维菌素抗性品系与溴氰菊酯和氰戊菊酯有较低的交互抗性，抗性分别为6.75倍和11.33倍；与辛硫磷、乐斯本、Bt、氟虫脲不存在交互抗性，抗性分别为1.25倍、1.03倍、1.22倍和1.12倍（表4-3）。

82

表4-3　阿维菌素抗性品系与菊酯类、有机磷类、氨基甲酸酯类、Bt、氟虫脲的交互抗性

药剂	品系	斜率b值 ± SE	LC$_{50}$（μg/g）	抗性指数Ratio
阿维菌素	AV-R（RR）	0.824 ± 0.155	9.86	821.67
	SS	1.186 ± 0.182	0.012	
溴氰菊酯	AV-R（RR）	1.658 ± 0.228	3 129.88	6.75
	SS	1.106 ± 0.128	463.69	
氰戊菊酯	AV-R（RR）	2.302 ± 0.136	4 867.56	11.33
	SS	1.977 ± 0.107	429.62	
辛硫磷	AV-R（RR）	1.156 ± 0.103	2.02	1.25
	SS	1.109 ± 0.107	1.62	
乐斯本	AV-R（RR）	1.068 ± 0.133	1.48	1.03
	SS	1.009 ± 0.125	1.44	
Bt	AV-R（RR）	1.289 ± 0.155	68.98	1.22
	SS	1.048 ± 0.136	56.54	
氟虫脲	AV-R（RR）	1.855 ± 0.203	708.96	1.12
	SS	1.699 ± 0.247	633.12	

4.6.2.2　室内毒力测定

从表4-4可以看出，在8种供试药剂中，辛硫磷、病毒杀虫剂、氟虫脲对棉铃虫的效果最好，处理后72h校正死亡率均达100%；除尽和菜园虫清对棉铃虫也具有良好的药效，处理后72h校正死亡率均达96.6%；阿维菌素、Bt和功夫对棉铃虫的效果差，药效均在50%以下。

表4-4　8种杀虫剂对棉铃虫的室内毒力测定

药剂	浓度（倍液）	处理虫数（头）	死亡虫数（头）			校正死亡率（%）		
			24h	48h	72h	24h	48h	72h
辛硫磷	1 000	120	116	120	120	96.6	100.0	100.0
病毒杀虫剂	1 500	120	98	116	120	81.7	96.6	100.0
氟虫脲	1 000	120	96	114	120	79.3	95.0	100.0
除尽	1 000	120	96	112	116	79.3	93.0	96.6
菜园虫清	1 500	120	89	114	116	74.2	95.0	96.6
阿维菌素	1 500	120	24	28	59	20.0	23.3	49.2
Bt	1 000	120	24	26	58	20.0	21.7	48.3
功夫	2 000	120	26	26	26	21.7	21.7	21.7
CK（清水）		120	0	0	0			

4.6.2.3 田间药效试验

田间药效试验结果（表4-5）表明，在8种供试药剂中，辛硫磷1 000倍液、病毒杀虫剂1 500倍液、氟虫脲1 000倍液对棉铃虫的效果最好，处理后72h校正死亡率均达96%以上；除尽1 000倍液和菜园虫清1 500倍液对棉铃虫也具有良好的药效，处理后72h校正死亡率分别为92.5%和90.5%；阿维菌素、Bt和功夫对棉铃虫的效果差，药效均在50%以下。

表4-5 8种杀虫剂对棉铃虫的田间药效试验结果

药剂	浓度（倍液）	虫口基数（头）	死亡虫数（头）			校正死亡率（%）		
			24h	48h	72h	24h	48h	72h
辛硫磷	1 000	143	137	140	140	95.65	97.82	97.8
病毒杀虫剂	1 500	133	105	123	128	78.17	92.20	96.1
氟虫脲	1 000	158	120	140	152	75.06	88.19	96.1
除尽	1 000	138	93	124	128	66.18	89.48	92.5
菜园虫清	1 500	152	98	132	138	63.16	86.35	90.5
阿维菌素	1 500	143	63	70	72	42.0	47.1	48.5
Bt	1 000	154	55	62	69	33.33	38.1	42.8
功夫	2 000	146	46	48	52	29.0	30.4	33.2
CK（清水）		168	6	6	6			

4.6.2.4 阿维菌素与辛硫磷混配对棉铃虫的联合作用

阿维菌素与辛硫磷按有效成分1∶24混配后，其实际毒力指标为153.52，理论毒力指标为3.56，共毒系数为4 312.36，共毒系数远远大于100（表4-6），说明阿维菌素与辛硫磷按有效成分1∶24混配对棉铃虫的毒力表现出明显的增效作用。

阿维菌素与辛硫磷按有效成分1∶20混配后，其实际毒力指标为153.52，理论毒力指标为3.56，共毒系数为4 312.36，共毒系数远远大于100（表4-7），说明阿维菌素与辛硫磷按有效成分1∶20混配对棉铃虫的毒力表现出明显的增效作用。

表4-6 阿维菌素与辛硫磷按有效成分1∶24混配对棉铃虫的共毒系数

药剂	48h毒力回归方程 $Y=ax+b$	$LC_{50}g/g$	相关系数	毒力指数		共毒系数（CTC）（%）	联合作用
				实际	理论		
阿维菌素	$Y=1.04x+10.16$	1.09	0.985 7	2.61			
辛硫磷	$Y=1.03x+8.78$	21.38	0.931 6	3.19			
阿维菌素∶辛硫磷=1∶24	$Y=2.07x+15.66$	0.71	0.974 6	153.52	3.17	4 842.90	增效

注：表中数字为3次重复平均值。下同。

表4-7 阿维菌素与辛硫磷按有效成分1∶20混配对棉铃虫的共毒系数

药剂	48h毒力回归方程 $Y=ax+b$	$LC_{50}10^{-5}g/g$	相关系数	毒力指数		共毒系数（CTC）（%）	联合作用
				实际	理论		
阿维菌素	$Y=1.15x+10.63$	1.27	0.9578	3.45			
辛硫磷	$Y=1.12x+8.45$	83.11	0.9613	1.05			
阿维菌素∶辛硫磷=1∶20	$Y=2.83x+19.25$	0.92	0.9446	138.04	1.16	11900.00	增效

4.6.2.5 阿维菌素与辛硫磷混配对棉铃虫羧酸酯酶活性的联合抑制作用

分别用阿维菌素与辛硫磷（有机磷A和有机磷B）的1 000倍液、2 000倍液、4 000倍液、6 000倍液、8 000倍液单独处理棉铃虫48h后，各处理的棉铃虫α-NA羧酸酯酶活性均显著增强，分别为对照棉铃虫α-NA羧酸酯酶活性的5.73倍、5.14倍、4.34倍、3.93倍、3.24倍；6.65倍、5.56倍、4.48倍、4.02倍、3.59倍和4.26倍、3.88倍、3.81倍、3.74倍、3.69倍，但阿维菌素与有机磷A和有机磷B混配后，各处理的棉铃虫α-NA羧酸酯酶活性与对照无明显差异（图4-10），说明阿维菌素与有机磷A和有机磷B混配对棉铃虫羧酸酯酶表现出联合抑制作用。

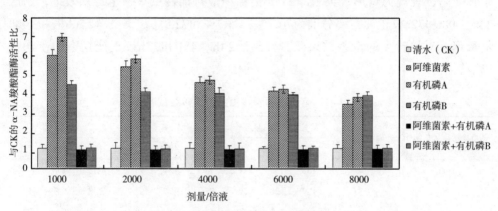

图4-10 阿维菌素与辛硫磷混配对棉铃虫羧酸酯酶活性的联合抑制作用

4.6.2.6 菜虫净对棉铃虫的防治效果

从表4-8可以看出，菜虫净500倍、1 000倍、1 500倍稀释液对棉铃虫的毒杀效果最好，处理后24h、48h和72h校正死亡率均达95%以上；菜虫净2 000倍稀释液对棉铃虫有一定效果，处理后24h、48h和72h校正死亡率分别为73.3%、79.2%和82.5%；菜虫净2 500倍和3 000倍稀释液对棉铃虫的毒杀效果差，处理后24h、48h和72h校正死亡率均在50%以下。

表4-8　菜虫净对棉铃虫的室内毒力测定

菜虫净浓度	处理虫数	死亡虫数（头）			校正死亡率（%）		
（倍液）	（头）	24h	48h	72h	24h	48h	72h
500	120	116	120	120	96.6	100.0	100.0
1 000	120	115	116	120	95.8	96.6	100.0
1 500	120	114	115	120	95.0	95.8	100.0
2 000	120	88	95	99	73.3	79.2	82.5
2 500	120	48	56	57	40.0	46.7	47.5
3 000	120	36	44	46	30.0	36.7	38.3
CK（清水）	120	0	0	1			

　　表4-9田间药效试验结果表明，菜虫净1 000倍、1 500倍稀释液对棉铃虫的效果最好，药后24h、48h和72h校正死亡率分别为93.2%、96.2%、97.7%和92.4%、94.3%、98.1%；菜虫净500倍稀释液虽然对棉铃虫具有较好的防治效果，药后24h、48h和72h校正死亡率分别为96.5%、97.2%、98.6%，但药后植株生长受阻，表现为畸形；菜虫净2 000倍稀释液对棉铃虫有一定毒杀效果，药后24h、48h和72h校正死亡率分别为70.3%、71.7%和72.8%；菜虫净2 500倍和3 000倍稀释液对棉铃虫的毒杀效果差，处理后24h、48h和72h校正死亡率均在40%以下。

表4-9　菜虫净对棉铃虫的田间防效试验

菜虫净浓度（倍液）	处理虫数（头）	死亡虫数（头）			校正死亡率（%）			植株长势		
		24h	48h	72h	24h	48h	72h	24h	48h	72h
500	143	138	139	141	96.5	97.2	98.6	畸形	畸形	畸形
1 000	133	124	128	130	93.2	96.2	97.7	正常	正常	正常
1 500	158	146	149	155	92.4	94.3	98.1	正常	正常	正常
2 000	138	97	99	102	70.3	71.7	73.9	正常	正常	正常
2 500	152	46	52	56	30.3	34.2	36.8	正常	正常	正常
3 000	143	38	46	49	26.6	32.1	34.3	正常	正常	正常
CK（清水）	168	0	1	1				正常	正常	正常

4.6.2.7　菜虫净对辣椒种子发芽率的影响

　　表4-10试验结果表明，菜虫净对辣椒种子的发芽率无任何抑制作用，各处理辣椒种子的发芽率与对照无显著差异，种子发芽率均达95%以上。

表4-10　菜虫净对辣椒种子发芽率的影响

菜虫净浓度（倍液）	处理种子数（粒）	发芽种子数（粒）	发芽率（%）
500	100	95	95.00
1 000	100	96	96.00
1 500	100	97	97.00
2 000	100	98	98.00
2 500	100	98	98.00
3 000	100	98	98.00
CK（清水）	100	98	98.00

4.6.2.8　菜虫净对辣椒幼苗生长发育的影响

从表4-11可以看出，在使用剂量范围内，无论叶面喷雾、叶面喷雾+药液灌根，还是药液灌根处理，菜虫净对幼苗生长发育具有一定的促进作用，但菜虫净500倍稀释液进行叶面喷雾、叶面喷雾+药液灌根、药液灌根处理后，辣椒幼苗生长矮小，叶色深绿，叶片畸形，幼苗生长发育受到显著抑制。

表4-11　菜虫净对刚出土的辣椒幼苗生长势的影响

处理（叶面喷雾）	处理幼苗数（株）	幼苗叶色	叶片形状	幼苗长势
菜虫净500液	60	深绿	畸形	矮小
菜虫净1 000液	60	绿	正常	正常
菜虫净1 500液	60	绿	正常	正常
菜虫净2 000液	60	绿	正常	正常
菜虫净2 500液	60	绿	正常	正常
菜虫净3 000液	60	绿	正常	正常
0.3%复合肥液	60	绿	正常	正常
CK（清水）	60	黄绿	正常	正常

4.6.2.9　菜虫净对移栽后辣椒生长发育的影响

从表4-12可以看出，在使用剂量范围内，菜虫净对辣椒植株生长发育具有一定的促进作用，但菜虫净500倍稀释液进行叶面喷雾处理后，辣椒植株生长矮小，叶片畸形，花蕾数/分枝少，辣椒植株生长发育受到显著抑制。

表4-12　菜虫净对移栽后辣椒生长势的影响

处理（叶面喷雾）	距分枝处株高（cm）	主茎粗（cm）	平均叶宽（cm）	分枝茎长（cm）	花蕾数/分枝（个）	距分枝处株高（cm）
菜虫净500倍液	12.85 ± 0.26a	0.85 ± 0.16ab	2.59 ± 0.32a	2.03 ± 0.23a	3.05 ± 0.13b	12.88 ± 1.28a
菜虫净1 000倍液	27.5 ± 0.41b	1.22 ± 0.16ab	6.22 ± 0.25c	6.13 ± 0.32bc	7.02 ± 0.19c	26.55 ± 1.28b
菜虫净1 500倍液	44.3 ± 0.32b	1.26 ± 0.13b	7.02 ± 0.21c	10.68 ± 0.28c	12.33 ± 0.29c	42.52 ± 2.89b
菜虫净2 000倍液	43.2 ± 0.25b	1.20 ± 0.12ab	6.12 ± 0.19c	6.12 ± 0.28bc	6.19 ± 0.18c	40.85 ± 2.21b
菜虫净2 500倍液	43.5 ± 0.42b	1.20 ± 0.13ab	6.08 ± 0.25c	5.06 ± 0.32b	5.28 ± 0.18c	39.22 ± 2.05b
菜虫净3 000倍液	43.5 ± 0.42b	1.20 ± 0.13ab	6.06 ± 0.25c	5.02 ± 0.32b	5.28 ± 0.18c	33.24 ± 2.05b
0.3%复合肥	43.5 ± 0.34b	1.28 ± 0.19ab	6.26 ± 0.29c	9.08 ± 0.21bc	10.12 ± 0.16c	43.56 ± 2.09b
CK（清水）	18.5 ± 0.22a	0.72 ± 0.13ab	2.28 ± 0.13a	2.42 ± 0.11a	2.65 ± 0.18c	22.53 ± b

注：表中数字为50次重复平均值。采用Duncan显著差异分析，不同字母表示在a=0.05水平上显著。标有相同小写或大写字母的表示不显著，否则表示显著

4.6.3　小结

（1）阿维菌素抗性品系与溴氰菊酯、氰戊菊酯和灭多威有较低的交互抗性，与辛硫磷、乐斯本、Bt、氟虫脲不存在交互抗性。

（2）辛硫磷、病毒杀虫剂、氟虫脲、除尽和高氯·辛乳油对棉铃虫具有良好的防治效果，田间防效均达90%以上，适于在瓜菜上使用，可在目前海南瓜菜生产中大量推广应用。

（3）筛选出2种对棉铃虫的毒力表现出明显增效作用的阿维菌素与辛硫磷混配的最佳配比（阿维菌素：有机磷A=1∶24；阿维菌素：有机磷B=1∶20），且对棉铃虫α-NA羧酸酯酶活性均表现出显著联合抑制作用。这对于延缓棉铃虫对阿维菌素与有机磷药剂抗性的产生，延长阿维菌素与有机磷药剂的使用寿命、研发环境友好型阿维菌素复配药剂，最大程度地发挥阿维菌素与有机磷药剂在害虫、螨安全、有效、无公害防治中的功效必将发挥重要的作用。

（4）菜虫净是一种环境友好型阿维菌素复配中试药剂，其1 000倍液、1 500倍稀释液不仅对棉铃虫具有良好的防治效果，而且对植株生长具有良好的促进作用，可广泛用于防治棉铃虫的发生与为害。

4.7　棉铃虫对阿维菌素的抗药性综合治理技术示范与推广

以东方、定安、乐东、澄迈西甜瓜、番茄种植区为主要示范基地，将棉铃虫为害特性、阿维菌素毒理学特性与微生态环境相结合，建立了以药剂混配使用与轮换使用、物理防治、微生态调控与环境友好型阿维菌素复配药剂防治为核心

的棉铃虫对阿维菌素的抗药性综合治理技术体系，构建了以产量、产品质量、农药、肥料、劳务等为主要指标的棉铃虫对阿维菌素的抗药性综合治理技术示范、应用与推广的经济效益、生态效益与社会效益的评价体系。通过2006—2010年技术示范、应用于推广，累计示范、应用与推广面积5.6万多亩，增收5 600多万元，农药、化肥和劳物共节约开支160多万元。本研究不仅有效解决了海南棉铃虫对阿维菌素的抗药性治理问题，保护和节约了阿维菌素资源，延长了其使用寿命，有效持久地控制棉铃虫的发生与为害，而且保护了产地生态环境和促进了海南无公害农业的可持续发展与农民增产增收，取得了良好的经济效益、生态效益与社会效益，为国内外阿维菌素资源高效利用及其抗性综合治理与示范推广提供了经验和范例。

5　海南反季节辣椒、西瓜重要害虫发生与防治

5.1　棉蚜

5.1.1　地理分布

棉蚜*Aphis gossypii*（Glover）又称瓜蚜、腻虫，属同翅目、蚜科，为世界性大害虫，从北纬60°到南纬40°均有分布，海南各地均能全年发生与为害。

5.1.2　寄主植物

棉蚜的寄主很多，据文献记载，寄主植物达74科，285种。其越冬寄主（第一寄主）有木槿、花椒、石榴、鼠李等木本植物及夏枯草、紫花地丁、苦荬菜等草本植物。夏寄主（第二寄主）有棉花、瓜类、茄科、豆科、菊科、十字花科等植物。在海南，棉蚜均能在各种寄主植物间转移发生与为害。

5.1.3　形态特征

无翅胎生雌蚜体长1.5～1.9mm，夏季黄绿色，春秋季深绿色，腹管长圆筒形，具瓦纹。尾片黑色，具刚毛4～7根。

有翅胎生雌蚜体长1.2～1.9mm，黄色或浅绿色。前胸背板黑色，背面两侧有3～4对黑斑。腹管、尾片同无翅胎生雌蚜。

若蚜：体黄或黄色，也有蓝灰色。有翅若蚜于第二次蜕皮以后出现翅芽。蜕皮4次变为成虫。

卵：椭圆形。长0.49～0.59mm，宽0.23～0.36mm。产时橙黄色，后变漆黑色有光泽。

5.1.4　为害状况

瓜蚜是一种两性繁殖和孤雌生殖交替进行的一种害虫，年发生20～30代，世代重叠，常年严重发生。瓜蚜发育快，繁殖力强，无翅孤雌蚜产仔期约10d，每

头雌蚜产若蚜60～70头。繁殖适温16～22℃，27℃以上，相对湿度达75%以上和雨水的冲刷，不利于蚜虫的繁殖与发育。

天敌是抑制蚜虫的重要因素，主要天敌有瓢虫、草蛉、食蚜蝇、食蚜瘿蚊、寄生蜂、捕食螨、蚜霉菌等。当大面积滥用农药，杀害了大量天敌可酿成严重的蚜虫灾。一般在村庄内越冬寄主较多，因此瓜田离村庄近受害较重。地形对棉蚜的危害程度也有影响，一般以窝风地受害重。

棉蚜的成虫、若虫大多栖息于叶子的背面，均以口针刺吸汁液。当瓜苗的幼嫩叶及生长点被害后，由于叶背被刺伤，生长缓慢，而正面未被害，生长较背面快，因而造成卷缩。为害严重时，整个叶片卷曲成一团。此时瓜苗生长停滞，若再发展，导致整株萎靡死亡。当瓜成株停止生长后受蚜虫为害，则不卷叶，但由于汁液大量蚜虫吸食，叶片提早干枯死亡，因而造成卷缩。

5.1.5 防治方法

5.1.5.1 农业防治

选择叶面多毛的抗虫品种，提早播种，及时铲除田边、沟边、塘边等处杂草，及时处理枯黄老叶及收获后的残株，清洁田园，以消灭部分蚜源。

5.1.5.2 物理防治

用银色膜避蚜，覆盖或挂条均可，并可预防病毒病；保护地提倡采用20～25目、丝径0.18mm的银灰色防虫网，防治棉蚜，兼治瓜绢螟、白粉虱等其他害虫。

5.1.5.3 保护利用天敌

保护利用天敌具有较好的长期效应，如各种蜘蛛、瓢虫、草蛉、食蚜蝇、蚜茧蜂等。

5.1.5.4 化学防治

用3.2%甲氨阿维·氯微乳剂5 000倍液，或40%啶虫脒可溶粉剂10 000倍液，或10%吡虫啉可湿性粉剂2 000倍液，或25%阿克泰水分散颗粒剂2 500倍液等喷雾防治。注意不同类型药剂要轮换使用，喷雾时应注意喷头对准叶背，将药液尽可能喷到瓜蚜体上。

5.2 桃蚜

5.2.1 地理分布

桃蚜*Myzus persicae*（Sulzer）又名烟蚜、菜蚜，俗称油汗、腻虫。属同翅目、蚜科，是一种世界性危险性害虫，海南各地均能全年发生与为害。

5.2.2 寄主植物

桃蚜是广食性害虫，寄主植物有蔷薇科、十字花科、茄科、锦葵科、旋花科、葫芦科、藜科等约74科285种。桃蚜营转主寄生生活周期，其中冬寄主（原生寄主）植物主要有梨、桃、李、梅、樱桃等蔷薇科果树等；夏寄主（次生寄主）作物主要有白菜、甘蓝、萝卜、芥菜、芸薹、芜菁、甜椒、辣椒、菠菜等多种作物。在海南，桃蚜均能在各种寄主植物间转移发生与为害。

5.2.3 形态特征

无翅孤雌蚜：体长2.6mm，宽1.1mm。体淡色，头部深色，体表粗糙，但背中域光滑，第7、8腹节有网纹。额瘤显著，中额瘤微隆。触角长2.1mm，第3节长0.5mm，有毛16～22根。

有翅孤雌蚜：头、胸黑色，腹部淡色。触角第3节有小圆形次生感觉圈9～11个。腹部第4～6节背中融合为一块大斑，第2～6节各有大型缘斑，第8节背中有一对小凸起。

5.2.4 为害状况

桃蚜的发育起点温度为4.3℃，有效积温为137日度。在9.9℃下发育历期24.5d，25℃为8d，发育最适温为24℃，高于28℃则不利于其发生为害。桃蚜的繁殖很快，一只无翅胎生蚜可产60～70只若蚜，产卵期持续20余天；桃蚜除刺吸植物的嫩茎、嫩叶、花梗和嫩荚汁液，造成叶片卷缩变形，植株生长不良，花梗扭曲畸形，不能正常抽薹、开花、结实外，还可分泌蜜露，引起煤污病，影响植物正常生长；此外，桃蚜是多种重要植物病毒的媒介昆虫，如黄瓜花叶病毒（cucumber mosaic virus，CMV）、马铃薯Y病毒（potato virus Y，PVY）和烟草蚀纹病毒（tobacco etch virus，TEV）等，传播病毒造成的为害远远大于蚜害本身。桃蚜对黄色、橙色有强烈的趋性，而对银灰色有负趋性。

5.2.5 防治方法

防治蔬菜上的蚜虫应掌握好防治适期和防治指标，及时喷药压低基数，控制为害。如果考虑到防病毒病，则必须将蚜虫消灭在毒源植物上，有翅蚜迁飞之前。在叶菜类上喷药防治，必须选择高效、低毒、低残留的品种，以防引起公害。

5.2.5.1 农业防治

在病毒病多发区，选用抗虫、抗病毒的高产、优质品种，在网室内育苗，防止桃蚜为害菜苗、传播病毒病，是经济有效的防虫防病措施。蔬菜收获后，及时处理残株落叶；保护地在种植前做好清园杀虫工作；种植后做好隔离，防止桃蚜迁入繁殖为害。在露地菜田夹种玉米，以玉米做屏障阻挡有翅蚜迁入繁殖为害，可减轻和推迟病毒病的发生。

5.2.5.2 物理防治

根据桃蚜对银灰色的负趋性和黄色的正趋性，采用覆盖银灰色塑料薄膜，以避蚜防病，采用黄板诱杀有翅蚜。

5.2.5.3 保护利用天敌

菜田有多种天敌对蚜虫有显著的抑制作用，在喷药时要选用对天敌杀伤力较小的农药，使田间天敌数量保持在占总蚜量的1%以上。保护地在蚜虫发生初期释放烟蚜茧蜂Aphidius gifuensis，有一定的控制效果。

5.2.5.4 化学防治

用3.2%甲氨阿维·氯微乳剂5 000倍液，或40%啶虫脒可溶粉剂10 000倍液，或10%吡虫啉可湿性粉剂2 000倍液，或25%阿克泰水分散颗粒剂2 500倍液，或50%吡蚜酮可湿性粉剂1 000～2 000倍液等喷雾防治。注意不同类型药剂要轮换使用，喷雾时应注意喷头对准叶背，将药液尽可能喷到瓜蚜体上。当桃蚜普遍严重发生时，可按药剂稀释用水量的0.1%加入洗衣粉或其他展着剂，以增药效。

5.3 蓟马

5.3.1 地理分布

蓟马属缨翅目，在海南为害瓜类和茄果类的蓟马主要有棕榈蓟马（又名节瓜蓟马）*Thrips palmi* Karny，黄蓟马（又名瓜亮蓟马）*Thrips flavus* Schrank和烟蓟马（又名葱蓟马）*Thrips tabaci* Lindeman，在华中和华南地区均有分布。

5.3.2 寄主植物

棕榈蓟马、黄蓟马和烟蓟马主要寄主有甜瓜、冬瓜、苦瓜、西瓜、辣椒、番茄、茄子、菠菜和豆类等蔬菜，其他如枸杞、野苋等也可为害。田间终年栽植瓜类、茄果类，有利于蓟马的转移繁殖。

5.3.3 形态特征

5.3.3.1 棕榈蓟马（*T. palmi*）

成虫：体长1mm，金黄色，头近方形，复眼稍凸出，单眼3只、红色、排成三角形，单眼间鬃位于单眼三角形连线外缘，触角7节，翅两对，周围有细长的缘毛，腹部扁长。

卵：长0.2mm，长椭圆形，淡黄色。若虫黄白色，3龄，复眼红色。

5.3.3.2 黄蓟马（*T.flavus*）

成虫：体黄色。触角7节，第一、二节橙黄色，第三节黄色，第四节基部黄色，端部灰黑色，第五至七节灰黑色。雌虫体长1.0~1.1mm，雄虫0.8~0.9mm。

卵：长椭圆形，长0.2mm。淡黄色，产于嫩叶组织内。

若虫：第一龄若虫，体长0.3~0.5mm，乳白色到淡黄色。第二龄若虫，体长0.6~1.1mm，淡黄色。

预蛹：体长0.9~1.1mm，淡黄白色。

蛹：体长0.9~1.1mm，淡黄白色，单眼3枚，红色。翅芽伸达腹部2/3。

5.3.3.3 烟蓟马（*T.tabaci*）

雌虫体长1.2mm。体大致淡棕色，触角第四、五节末端色较浓。腹部第二至八节背部前缘有两端略细的栗棕色横条。

5.3.4 为害状况

棕榈蓟马在海南年发生20代以上，终年繁殖。成虫怕光，多在未张开的叶上或叶背活动。成虫能飞善跳，能借助气流做远距离迁飞。既能进行两性生殖，又能进行孤雌生殖。卵散产于植株的嫩头、嫩叶及幼果组织中，每雌产卵22~35粒。1~2龄若虫在寄主的幼嫩部位穿梭活动，活动十分活跃，锉吸汁液，躲在这些部位的背光面。3龄若虫不取食，行动缓慢，落到地上，钻到3~5cm的土层中，4龄在土中化蛹。在平均气温23.2~30.9℃时，3~4龄所需时间3~4.5d。羽化后成虫飞到植株幼嫩部位为害。发生适温为15~32℃，2℃仍能生存，但骤然降温易死亡。土壤含水量在8%~18%时，化蛹和羽化率都高。

黄蓟马在海南年发生20代以上，终年繁殖。初羽化的成虫具有向上、喜嫩绿的习性，且特别活跃，能飞善跳，行动敏捷，以后畏强光隐藏，白天阳光充足时，成虫多数隐蔽于花木或作物生长点或花蕾处取食，少数在叶背为害，雌成虫有孤雌生殖能力，卵散产于植物叶肉组织内，均温26.9℃，平均湿度82.7%时，卵期3.3~5.2d，1~2龄若虫3.5~5d，3~4龄若虫3.7~6d，成虫寿命25~53d。温湿度对黄蓟马生长发育有显著影响，其发育最适温度范围为25～30℃。

烟蓟马在25～28℃下，卵期5～7d，若虫期（1～2龄）6～7d，前蛹期2d，蛹期3～5d，成虫寿命8～10d。雌虫可行孤雌生殖，每雌平均产卵约50粒（21～178粒），卵产于叶片组织中。2龄若虫后期，常转向地下，在表土中经历前蛹期及蛹期。成虫极活跃，善飞，怕阳光，早、晚或阴天取食强。初孵若虫集中在叶基部为害，稍大即分散。在25℃和相对湿度60%以下时，有利于烟蓟马发生，高温高湿则不利，雨中冲刷或水涝常使烟蓟马若虫、成虫和蛹大量死亡，在多雨季节烟蓟马种群密度显著下降。暴风雨可降低发生数量。

蓟马为孤雌生殖，雄虫罕见，以成虫和1～2龄若虫取食为害，老熟的2龄若虫自动掉落在地面上，从裂缝钻入土中，第3～4龄若虫不食不动，相当于全变态昆虫的预蛹期和蛹期。成虫具有向上、喜嫩绿的习性，活泼，善跳能飞，行为敏捷，畏强光，常生活在叶背。蓟马以成虫和若虫锉吸为害瓜类的嫩梢、嫩叶、花和幼瓜的汁液，被害嫩叶嫩梢变硬缩小，茸毛呈灰褐色或黑褐色，植株生长缓慢，节间缩短，瓜类植株生长点被害后，常失去光泽，皱缩变黑，不能再抽蔓，甚至死苗，幼瓜受害后幼瓜受害出现畸形，硬化，表面常留有黑褐色疙瘩，瓜行萎靡，毛变黑，成瓜受害后，瓜皮粗糙有斑痕，极少茸毛，或带有褐色波纹，或整个瓜皮布满"锈皮"，呈畸形。造成落瓜、落果严重影响产量和质量。茄果类蔬菜受害则使被害植株嫩芽、嫩叶卷缩、心叶不能张开。为害茄子时，叶脉变黑褐色，发生严重时，也影响植株长。

5.3.5 防治方法

5.3.5.1 农业防治

清除田间杂草和枯枝残叶，集中烧毁或深埋，消灭成虫和若虫。加强肥水管理，促使植株生长健壮，减轻为害。

5.3.5.2 物理防治

蓟马有趋蓝色和黄色的习性，在田间设置蓝色和黄色粘板，诱杀成虫，粘板高度与作物持平。用27%高脂膜乳剂，喷布后可使蓟马窒息死亡。

5.3.5.3 化学防治

用5%的高氯·啶虫脒（蓟马专杀）乳油2 000倍液，或40%啶虫脒可溶粉剂10 000倍液，或10%吡虫啉可湿性粉剂2 000倍液，或50%吡蚜酮可湿性粉剂1 000～2 000倍液，或5%蚜虱净2 000倍液等喷雾防治。注意不同类型药剂要轮换使用，以提高防效和防治抗药性发生。

5.4 美洲斑潜蝇

5.4.1 地理分布

美洲斑潜蝇*Liriomyza sativae* Blanchard属双翅目Diptera，潜蝇科Agromyzidae，斑潜蝇属Liriomyza，是世界上最为严重和危险的多食性斑潜蝇之一，已经扩散至北美洲、中美洲和加勒比地区、南美洲、大洋州、非洲、亚洲的许多国家和地区，许多国家已将其列为最危险的检疫害虫。我国于1993年12月在海南省三亚市首次发现，1994年列为国内检疫对象，国内除西藏、新疆、青海未见记载外，其他各省都有分布，尤其是我国的热带、亚热带和温带地区发生为害严重。

5.4.2 寄主植物

寄主广泛，多达33科170多种植物，主要为害豌豆、蚕豆、瓜类、番茄、马铃薯、萝卜、白菜、油菜、甘蓝、莴苣等130种植物，以豆科、葫芦科和茄科作物为害最重。

5.4.3 形态特征

成虫：较小，体长1.3～2.3mm，浅灰黑色，胸背板亮黑色，外顶鬃常着生在黑色区上，内顶鬃着生在黄色区或黑色区上。体腹面黄色，雌虫体比雄虫大。

卵：乳白色，半透明，大小（0.2～0.3）mm×（0.1～0.15）mm。

幼虫：蛆状，初无色，后变为浅橙黄色至橙黄色，长3mm。

蛹：椭圆形，橙黄色，腹面稍扁平，大小（1.7～2.3）mm×（0.5～0.75）mm，后气门三孔。

5.4.4 为害状况

美洲斑潜蝇适应性强，繁殖快，寄主广泛，全年都能繁殖，在广东可发生14～17代，在海南可发生21～24代，可周年发生，无越冬现象。世代历期短，各虫态发育不整齐，世代严重重叠，其繁殖速率随温度和作物不同而异，15～26℃完成1代需11～20d，25～33℃完成1代需12～14d。温度是影响南美斑潜蝇生殖力和竞争力的重要因子，美洲斑潜蝇适应温度范围较广，相对较高的温度有利于种群的发育、生存和繁殖。在18～30℃范围内，美洲斑潜蝇的生殖力随温度的升高而升高，竞争力随温度的升高而升高更适宜高温条件，在高温（30℃）下竞争力较强。

美洲斑潜蝇雌成虫用尾针刺伤植物的叶片和叶肉吸食汁液，并将卵产在刺孔下，每孔1粒。雄蝇无尾针，跟随雌蝇其后，吸取雌蝇刺出孔残余液汁并进行交配。雌成虫喜在中、上部叶片而不在顶端嫩叶上产卵，下部叶片上落卵也少。卵经3~5d孵化为幼虫，老熟幼虫由潜道顶端或近顶端1mm处，咬破上表皮，爬出潜道外，在叶片正面或滚落地表或土缝中化蛹，蛹期5~12d。近羽化时蛹体暗淡，并可见红褐色眼点，蛹多在上午8：00~10：00时羽化，成虫从顶破蛹皮到展翅完毕约需30min。只要温、湿度适宜，蛹能很快羽化成蝇并开始产卵繁殖下一代。温度低于13℃，对美洲斑潜蝇的生长发育有抑制作用。美洲斑潜蝇的卵和幼虫可随寄主植株、带叶的瓜果豆菜、土壤或交通工具等做远距离传播。成虫有飞翔能力，但较弱，对黄色趋性强。

美洲斑潜蝇以幼虫和成虫为害，幼虫为害叶片正面叶肉，形成先细后宽的蛇形弯曲或蛇形盘绕虫道，其内有交替排列整齐的黑色虫粪，老虫道后期呈棕色的干斑块区，一般1虫1道，1头老熟幼虫1d可潜食3cm左右，幼虫老熟后主要从叶正面钻出叶片，翻滚落入土中化蛹。成虫在叶片正面取食和产卵，刺伤叶片细胞，形成针尖大小的近圆形刺伤"孔"，造成为害。"孔"初期呈浅绿色，后变白，肉眼可见。幼虫和成虫的为害可导致幼苗全株死亡，造成缺苗断垄；成株受害，可加速叶片脱落，引起果实日灼。幼虫和成虫通过取食还可传播病害，特别是传播某些病毒病，降低花卉观赏价值和叶菜类食用价值。美洲斑潜蝇对叶片的为害率可达10%~80%，一般减产达25%左右，严重的可减产80%，甚至绝收。近20多年来，美洲斑潜蝇已在美国、巴西、加拿大、巴拿马、墨西哥、智利、古巴等30多个国家和地区严重发生，造成巨大的经济损失，并有继续扩大蔓延的趋势。

5.4.5　防治方法

5.4.5.1　农业防治

清洁田园，在害虫发生高峰时，摘除带虫叶片销毁，消灭成虫和若虫；考虑蔬菜布局，把美洲斑潜蝇嗜好的瓜类、茄果类、豆类与其不为害的作物进行合理间套种；适当疏植，增加田间通透性；加强肥水管理，促使植株生长健壮，减轻为害。

5.4.5.2　物理防治

依据其趋黄习性，利用黄板诱杀；在成虫始盛期至盛末期采用灭蝇纸诱杀成虫，每667m²设置15个诱杀点，每个点放置1张诱蝇纸诱杀成虫，3~4d更换一次。

5.4.5.3　生物防治

利用寄生蜂防治美洲斑潜蝇具有良好的效果。在不用药的情况下，姬小蜂

Diglyphus spp.、反领茧蜂*Dacnusin* spp、潜蝇茧蜂*Opius* spp.等寄生蜂天敌寄生率可达50%以上。

5.4.5.4 化学防治

在幼虫2龄前（虫道很小时），用5.7%甲氨基阿维菌素苯甲酸盐水分散粒剂10 000倍液，或3.2%高氯·甲维盐微乳剂1 500倍液，或3.2%甲氨阿维·氯微乳剂5 000倍液，或40%啶虫脒可溶粉剂10 000倍液，或5%抑太保乳油2 000倍液、5%卡死克乳油2 000倍液，或4.5%高效氯氰菊酯微乳剂1 000倍液等喷雾防治。注意不同类型药剂要轮换使用。

5.5 瓜实蝇

5.5.1 地理分布

瓜实蝇*Bactrocera*（*Zeugodacus*）*cucurbitae*（Coquillett），俗称瓜蝇、瓜寡鬃实蝇，属双翅目，实蝇科，离腹寡毛实蝇属，起源于印度，目前广泛分布于温带、亚热带和热带的30多个国家和地区；在我国主要分布于福建、海南、广东、广西、贵州、云南、四川、湖南、台湾等地。

5.5.2 寄主植物

瓜实蝇寄主植物很多，主要为害南瓜、苦瓜、冬瓜、黄瓜、笋瓜等瓜类作物。

5.5.3 形态特征

成虫：体形似小型黄蜂，黄褐色至红褐色，长7～9mm，宽3～4mm，翅长7mm，雌虫比雄虫略大，初羽化的成虫体色较淡，大小不及产卵成虫的一半。复眼茶褐色或蓝绿色（有光泽），复眼间有前后排列的2个褐色斑；触角黑色，后顶鬃和背侧鬃明显。前胸背面两侧各有1黄色斑点，中胸两侧各有1较粗黄色竖条斑，背面有并列的3条黄色纵纹，后胸小盾片黄色至土黄色；翅膜质，透明，有光泽，亚前缘脉和臀区各有1长条斑，翅尖有1圆形斑，径中横脉和中肘横脉有前窄后宽的斑块；腿节淡黄色。腹部近椭圆形，向内凹陷如汤匙，腹部背面第3节前缘有1狭长黑色横纹，从横纹中央向后直达尾端有1黑色纵纹，2纹形成1个明显的"T"形；产卵器扁平，坚硬，基节黄褐至红褐色，长与第5腹背板长近等，产卵管长约1.7mm，末端尖锐，具端前刚毛4对，具2个骨化的受精囊；雄成虫第3腹节具栉毛，第5腹节腹板后缘浅凹。

卵：细长形，长约0.8mm，一端稍尖，乳白色。

老熟幼虫：体长10mm，蛆状，乳白色。蛹长约5mm，圆筒形，黄褐色。

5.5.4　为害状况

在华南一年可发生8代，世代重叠。成虫白天活动，夏天中午高温烈日时，静伏于瓜棚或叶背，对糖、酒、醋及芳香物质有趋性；雌虫产卵于嫩瓜内，每次产卵产数十粒至百余粒，幼虫孵化后即在瓜内取食，将瓜蛀食成蜂窝状，以至腐烂、脱落，老熟幼虫在瓜落前或瓜落后弹跳落地，钻入表土层化蛹。卵期5~8d，幼虫期4~15d，蛹期7~10d，成虫寿命25d。

成虫以产卵管刺入幼瓜表皮内产卵，幼虫孵化后即钻入瓜内取食，受害瓜先局部变黄，而后全瓜腐烂变臭，大量落瓜，即使不腐烂，刺伤处凝结着流胶，畸形下陷，果皮硬实，瓜味苦涩，品质下降。

5.5.5　防治方法

5.5.5.1　农业防治

清洁田园，及时摘除及收集落地烂瓜集中处理（喷药或深埋），有助减少虫源，减轻为害；考虑蔬菜布局，把瓜实蝇嗜好的瓜类作物与其不为害的作物进行合理间套种；适当疏植，增加田间通透性；加强肥水管理，促使植株生长健壮，减轻为害。

5.5.5.2　物理防治

利用成虫具趋化性，喜食甜质花蜜的习性，用香蕉皮或菠萝皮、南瓜或甘薯等物与90%敌百虫晶体、香精油按400：51比例调成糊状毒饵，直接涂于瓜棚竹篱上或盛挂容器内诱杀成虫（20个点/667m²，25g/点）；利用虫体的性激素或人工合成的性激素，在瓜棚内均匀布点诱集虫子，配合一定的农药进行毒杀，其诱杀效果比单纯化学农药制成毒饵诱杀效果更好；各种瓜类在结幼瓜时，特别是规模种植，宜安装频振式杀虫灯开展灯光诱杀，零星菜园可用敌敌畏糖醋液诱杀成虫，能有效减少虫源，效果良好。

5.5.5.3　化学防治

在成虫盛发期，于中午或傍晚用5.7%甲氨基阿维菌素苯甲酸盐水分散粒剂10 000倍液，或3.2%高氯·甲维盐微乳剂1 500倍液，或3.2%甲氨阿维·氯微乳剂5 000倍液，或40%啶虫脒可溶粉剂10 000倍液，或4.5%高效氯氰菊酯微乳剂1 000倍液等喷雾防治，注意不同类型药剂要轮换使用。

5.6　棉铃虫

5.6.1　地理分布

棉铃虫*Helicoverpa armigera*（Hübner），属鳞翅目，夜蛾科，分布于北纬50°至南纬50°的亚洲、大洋洲、非洲及欧洲各地，中国棉区和蔬菜种植区均有发生。

5.6.2　寄主植物

棉铃虫寄主植物很多，有250多种，主要有番茄、茄子、豆类、甘蓝、白菜、南瓜等蔬菜及棉花、烟草等作物。

5.6.3　形态特征

成虫：体长15~20mm，翅展27~38mm。雌蛾赤褐色，雄蛾灰绿色。前翅翅尖突伸，外缘较直，斑纹模糊不清，中横线由肾形斑下斜至翅后缘，外横线末端达肾形斑正下方，亚缘线锯齿较均匀。后翅灰白色，脉纹褐色明显，沿外缘有黑褐色宽带，宽带中部2个灰白斑不靠外缘。前足胫节外侧有1个端刺。雄性生殖器的阳茎细长，末端内膜上有1个很小的倒刺（烟夜蛾无）。

卵：近半球形，底部较平，高0.51~0.55mm，直径0.44~0.48mm，顶部微隆起。初产时乳白色或淡绿色，逐渐变为黄色，孵化前紫褐色。卵表面可见纵横纹，其中伸达卵孔的纵棱有11~13条，纵棱有2岔和3岔到达底部，通常26~29条。

幼虫：老熟幼虫长40~50mm，初孵幼虫青灰色，以后体色多变，分4个类型：①体色淡红，背线，亚背线褐色，气门线白色，毛突黑色。②体色黄白，背线，亚背线淡绿，气门线白色，毛突与体色相同。③体色淡绿，背线，亚背线不明显，气门线白色，毛突与体色相同。④体色深绿，背线，亚背线不太明显，气门淡黄色。头部黄色，有褐色网状斑纹。虫体各体节有毛片12个，前胸侧毛组的L1毛和L2毛的连线通过气门，或至少与气门下缘相切（区别于烟夜蛾）。体表密生长而尖的小刺。

蛹：长13~23.8mm，宽4.2~6.5mm，纺锤形，赤褐至黑褐色，腹末有一对臀刺，刺的基部分开。气门较大，围孔片呈筒状，凸突起较高，腹部第5~7节的背面和腹面的前缘有7~8排较稀疏的半圆形刻点（烟青虫气孔小，刺的基部合拢，围孔片不高，第5~7节点刻细密，有半圆，也有圆形的）。入土5~15cm化蛹，外被土茧。

5.6.4 为害状况

棉铃虫属喜温喜湿性害虫。成虫产卵适温23℃以上，20℃以下很少产卵，幼虫发育以25~28℃和相对湿度75%~90%最为适宜。卵、幼虫和蛹的历期随温度的不同而异，卵发育历期15℃为6~14d，20℃为5~9d，25℃为4d，30℃为2d。幼虫发育历期20℃时为3d，25℃时为22.7d，30℃时为17.4d。蛹发育历期20℃时为28d，25℃为18d，28℃为13.6d，30℃为9.6d。

成虫昼伏夜出，晚上活动、觅食和交尾、产卵。成虫有取食补充营养的习性，羽化后吸食花蜜或蚜虫分泌的蜜露。雌成虫有多次交配习性，羽化当晚即可交尾，2~3d后开始产卵，产卵历期6~8d。产卵多在黄昏和夜间进行，喜欢产卵于嫩尖、嫩叶等幼嫩部分。单雌产卵量1000粒左右，最多达3000多粒。成虫飞翔力强，对黑光灯，尤其是波长333nm的短光波趋性较强，对糖醋液趋性很弱，对萎蔫的杨、柳、风杨、刺槐等枝把散发的气味有趋集性，对草酸和蚁酸有强烈的趋化性。

幼虫一般6龄。初孵幼虫先吃卵壳，后爬行到心叶或叶片背面栖息，第2d集中在生长点或果枝嫩尖处取食嫩叶，但为害状不明显。2龄幼虫除食害嫩叶外，开始取食幼蕾。3龄以上的幼虫具有自相残杀的习性。5~6龄幼虫进入暴食期。幼虫有转株为害习性，转移时间多在9：00时和17：00时。老熟幼虫在入土化蛹前数小时停止取食，多从植株上滚落地面。在原落地处1m范围内寻找较为疏松干燥的土壤钻入化蛹。

棉铃虫主要以幼虫驻食蕾、花、果为主，也食害嫩茎、叶和芽。幼虫喜食成熟果及嫩叶。1头幼虫一生可为害3~5个果，最多8个，严重地块，蛀果率可达30%~50%。花蕾及幼果常被吃空或引起腐烂或脱落，长成的果实虽然只被蛀食部分果肉，但已失去商品价值，而且因蛀孔在蒂部，雨水、病菌进入易引起腐烂。棉铃虫造成果实大量被蛀和腐烂脱落成为减产的主要原因。

5.6.5 防治方法

棉铃虫的防治要强化农业防治，从农业生产的整体出发合理布局作物，推广抗虫品种，改进栽培技术，压低棉铃虫发生基数。采用生物防治、诱杀成虫等无公害防治措施，控制各代虫口密度。针对主要为害世代，选用高效、低毒农药，以卵期和初龄幼虫阶段为防治重点，科学合理使用农药。

5.6.5.1 农业防治

种植抗虫品种；提倡机耕全垦、多犁多耙，尽量杀死土中的蛹；合理布局作物，瓜菜可与玉米等合理间作套种；合理施用各种肥料，增强作物的生长势，提高作物自身的抗虫能力；成虫产卵盛期结合农事操作，将去除的幼嫩部分带出田外销毁，可以消灭大量卵和幼虫。

5.6.5.2 物理防治

频振式杀虫灯对棉铃虫具有良好的诱杀效果，且对天敌杀伤。

5.6.5.3 生物防治

已知有赤眼蜂、姬蜂、寄蝇等寄生性天敌和草蛉、黄蜂、猎蝽等捕食性天敌。

5.6.5.4 化学防治

产卵盛期喷洒2%过磷酸钙浸出液，具有驱蛾产卵、减轻为害的作用。当突然暴发成灾时，及时合理使用5.7%甲氨基阿维菌素苯甲酸盐水分散粒剂10 000倍液，或3.2%高氯·甲维盐微乳剂1 000倍液，或20%阿维·杀虫单微乳剂1 000倍液，或4.5%高效氯氰菊酯微乳剂1 000倍液，或2.5%高效氯氟氰菊酯水乳剂1 000倍液，或40%丙溴磷乳油1 000倍液，或40%辛硫磷乳油1 000倍液，或病毒杀虫剂1 500倍液，或5%氟虫脲乳油1 000倍液，或10%除尽悬浮剂（有效成分：溴虫腈）1 000倍液，或45%菜园虫清乳油（有效成分：bate-cypermethrin）1 500倍液等喷雾防治，对棉铃虫具有良好的药效，注意不同类型药剂要轮换使用。

5.7 斜纹夜蛾

5.7.1 地理分布

斜纹夜蛾*Spodoptera litura* Fabricius，属鳞翅目，夜蛾科，是一种世界性分布的间歇性暴发害虫。除青海、新疆未明外，斜纹夜蛾在国内各地都有发生。

5.7.2 寄主植物

斜纹夜蛾是一类杂食性和暴食性害虫，为害寄主相当广泛，除十字花科蔬菜外，还可为害包括瓜、茄、豆、葱、韭菜、菠菜以及粮食、经济作物等近100科、300多种植物，是海南瓜菜产区的重要害虫。

5.7.3 形态特征

成虫：体长14～20mm，翅展35～46mm，体暗褐色，胸部背面有白色丛毛；前翅灰褐色，内横线和外横线灰白色，呈波浪形，有白色条纹，环状纹不明显，肾状纹前部呈白色，后部呈黑色，环状纹和肾状纹之间有3条白线组成明显的较宽的斜纹，自翅基部向外缘还有1条白纹，故名斜纹夜蛾。后翅白色，外缘暗褐色。

卵：扁平的半球形，直径约0.5mm；初产时黄白色，孵化前呈紫黑色，表面有纵横脊纹，数十至上百粒集成卵块，外覆黄白色鳞毛。

幼虫：体长33～50mm，头部黑褐色，胸部多变，从土黄色到黑绿色都有，体表散生小白点，冬节有近似三角形的半月黑斑一对。幼虫一般6龄，老熟幼虫体长38～51mm，头黑褐色，体色则多变，一般为暗褐色，也有呈土黄、褐绿至黑褐色的，背线呈橙黄色，在亚背线内侧各节有一近半月形或似三角形的黑斑。

蛹：15～20mm，长卵形，红褐至黑褐色。腹末具发达的臀棘1对。

5.7.4 为害状况

在两广、福建、海南及我国台湾地区可终年繁殖，无越冬现象；成虫白天潜伏在叶背或土缝等阴暗处，夜间活动，飞翔力强，一次可飞数十米远，高达10m以上，成虫具趋光性，并对糖醋酒液及发酵的胡萝卜、麦芽、豆饼、牛粪等有趋化性；每只雌蛾能产卵3～5块，每块有卵位100～200个，卵多产在叶背的叶脉分叉处，以茂密、浓绿的作物产卵较多，堆产，卵块常覆有鳞毛而易被发现。幼虫共6龄，初孵幼虫具有群集为害习性，聚集叶背，3龄以后则开始分散，老龄幼虫有昼伏性和假死性，白天多潜伏在土缝处，傍晚爬出取食，遇惊就会落地蜷缩做假死状。当食料不足或不当时，幼虫可成群迁移至附近田块为害，故又有"行军虫"的俗称。各虫态的发育适温度为28～30℃，但抗寒力很弱，一般高温年份和季节有利其发育、繁殖，低温则易引致虫蛹大量死亡。该虫食性虽杂，但包括不同的寄主、同一寄主不同发育阶段或器官及食料的丰缺等食料情况对其生育繁殖都有明显的影响。间种、复种指数高或过度密植的田块有利其发生。

斜纹夜蛾主要以幼虫为害，取食叶片、花蕾和果实，严重发生时全田植株地上部被全部吃光，果实被蛀引起腐烂而大量落果是造成减产，品质下降，甚至绝收；幼虫食性杂，且食量大，初孵幼虫在叶背为害，取食叶肉，仅留下表皮；3龄幼虫后造成叶片缺刻、残缺不堪甚至全部吃光，蚕食花蕾造成缺损，容易暴发成灾；4龄后进入暴食期，猖獗时可吃尽大面积寄主植物叶片，并迁徙他处为害。

5.7.5 防治方法

5.7.5.1 农业防治

种植抗虫品种；合理布局作物，瓜菜可与玉米等合理间作套种；合理施用各种肥料，增强作物的生长势，提高作物自身的抗虫能力；清除杂草，收获后翻耕晒土或灌水，以破坏或恶化其化蛹场所，有助于减少虫源；结合田间管理随手摘除卵块和群集为害的初孵幼虫，以减少虫源。

5.7.5.2 物理防治

利用成虫趋光性,于盛发期用频振式杀虫灯或黑光灯诱杀;利用成虫趋化性,用糖醋液(糖:醋:酒:水=3:4:1:2)加少量敌百虫诱杀,或用柳枝蘸洒500倍液敌百虫诱杀蛾子。

5.7.5.3 生物防治

已知有小茧蜂、广大腿蜂、寄生蝇、步行虫,以及多角体病毒、鸟类等。

5.7.5.4 化学防治

合理使用5.7%甲氨基阿维菌素苯甲酸盐水分散粒剂10 000倍液,或3.2%高氯·甲维盐微乳剂1 000倍液,或20%阿维·杀虫单微乳剂1 000倍液,或4.5%高效氯氰菊酯微乳剂1 000倍液,或2.5%高效氯氟氰菊酯水乳剂1 000倍液,或40%丙溴磷乳油1 000倍液,或40%辛硫磷乳油1 000倍液,或病毒杀虫剂1 500倍液,或5%氟虫脲乳油1 000倍液,或10%除尽悬浮剂(有效成分:溴虫腈)1 000倍液,或45%菜园虫清乳油(有效成分:bate-cypermethrin)1 500倍液等喷雾防治,对斜纹夜蛾具有良好的药效,注意不同类型药剂要轮换使用。

5.8 瓜绢螟

5.8.1 地理分布

瓜绢螟*Diaphania indica*(Saund)又称瓜螟、瓜绢野螟,属鳞翅目,螟蛾科,绢野螟属,分布很广,北起辽宁、内蒙古,南至国境线,主要见于我国南方,长江以南密度较大,是海南瓜类作物主要害虫之一。

5.8.2 寄主植物

瓜绢螟食性杂,是丝瓜、冬瓜、苦瓜、黄瓜、南瓜等作物上的主要害虫之一,主要为害葫芦科各种瓜类及番茄、茄子等蔬菜,也可为害棉桑、木槿和面葵等植物。

5.8.3 形态特征

成虫:体长11~16mm,虫体大小随季节或寄主不同略有变化;头、胸黑色,腹部白色,第1、7、8节末端有黄褐色毛丛;前、后翅白色透明,略带紫色,前翅前缘和外缘、后翅外缘呈黑色宽带。

卵:扁平,椭圆形,淡黄色,表面有龟甲状网纹。

幼虫:成熟幼虫体长23~26mm,头部、前胸背板淡褐色;胸腹部草绿色,背面较平，亚背线较粗，呈两条较宽的乳白色纵带（此点是菜农认识瓜娟螟的主要标识），气门黑色，各体节上有瘤状凸起，上生短毛；全身以胸部及腹部较大，尾部较小，头部次之。

蛹：蛹长14mm，浓褐色，头部光整尖瘦，翅基伸至第六腹节，有薄茧。

5.8.4 为害状况

成虫昼伏夜出，具弱趋光性，历期7~10d，对瓜类蔬菜不发生为害；雌虫交配后即可产卵，卵产于叶背或嫩尖上，散生或数粒在一起，卵期5~8d；初孵幼虫先在叶背或嫩尖取食叶肉，被害部成灰白色斑块，3龄后有近30%的幼虫即吐丝将叶片左右缀合，匿居其中进行为害，大部分幼虫裸体在叶背取食叶肉，可吃光全叶，仅存叶脉和叶面表皮，或蛀食瓜果及花中为害，或潜蛀瓜藤，对黄瓜、丝瓜、苦瓜为害最重。

5.8.5 防治方法

5.8.5.1 农业防治

合理施用各种肥料，增强作物的生长势，提高作物自身的抗虫能力；清洁田园，瓜果采收后将枯藤落叶收集沤埋或烧毁，有助于减少虫源；结合田间管理随手捏杀幼虫和蛹以减少虫源。

5.8.5.2 物理防治

加强瓜绢螟预测预报，采用性诱剂或黑光灯预测预报发生期、发生量和诱杀瓜绢螟。

5.8.5.3 生物防治

提倡用螟黄赤眼蜂防治瓜绢螟。此外在幼虫发生初期，及时摘除卷叶，置于天敌保护器中，使寄生蜂等天敌飞回大自然或瓜田中，也有一定的防治效果。

5.8.5.4 化学防治

合理使用5.7%甲氨基阿维菌素苯甲酸盐水分散粒剂10 000倍液，或3.2%高氯·甲维盐微乳剂1 000倍液，或20%阿维·杀虫单微乳剂1 000倍液，或4.5%高效氯氰菊酯微乳剂1 000倍液，或2.5%高效氯氟氰菊酯水乳剂1 000倍液，或40%丙溴磷乳油1 000倍液，或40%辛硫磷乳油1 000倍液，或病毒杀虫剂1 500倍液，或5%氟虫脲乳油1 000倍液，或10%除尽悬浮剂（有效成分：溴虫腈）1 000倍液，或45%菜园虫清乳油（有效成分：bate-cypermethrin）1 500倍液等喷雾防治，具有良好的药效，注意不同类型药剂要轮换使用。

5.9 蛴螬

5.9.1 地理分布

蛴螬是金龟甲的幼虫，别名白土蚕、核桃虫。成虫通称为金龟甲或金龟子，是国内外公认的一类重要的农林害虫，世界各地均有分布；在我国分布很广，从黑龙江起至长江以南地区及内蒙古、西藏自治区、陕西等地均有发生与为害。铜绿丽金龟发生为害最严重。

5.9.2 寄主植物

为害多种植物和蔬菜。按其食性可分为植食性、粪食性、腐食性3类，其中植食性蛴螬食性广泛，为害多种农作物、经济作物和花卉苗木，喜食刚播种的种子、根、块茎以及幼苗，是世界性的地下害虫，为害很大。

5.9.3 形态特征

蛴螬体肥大，体型弯曲呈C形，多为白色，少数为黄白色；头部褐色，上颚显著，腹部肿胀；体壁较柔软多皱，体表疏生细毛；头大而圆，多为黄褐色，生有左右对称的刚毛，刚毛数量的多少常为分种的特征。如华北大黑鳃金龟的幼虫为3对，黄褐丽金龟幼虫为5对；蛴螬具胸足3对，一般后足较长。腹部10节，第10节称为臀节，臀节上生有刺毛，其数目的多少和排列方式也是分种的重要特征。铜绿丽金龟态特征如下。

成虫：体长15～22mm，宽8.3～12.0mm。长卵圆，背腹扁圆，体背铜绿具金属光泽，头、前胸背板、小盾片色较深，鞘翅色较浅，唇基前缘、前胸背板两侧呈浅褐色条斑。前胸背板发达，前缘弧形内弯，侧缘弧形外弯前角锐，后角钝。臀板三角形黄褐色，常具1～3个形状多变的铜绿或古铜色斑纹。腹面乳白、乳黄或黄褐色。头、前胸、鞘翅密布刻点。小盾片半圆，鞘翅背面具2纵隆线，缝肋显，唇基短阔梯形。前线上卷。触角鳃叶状9节，黄褐色。前足胫节外缘具2齿，内侧具内缘距。胸下密被绒毛，腹部每腹板具毛1排。前、中足爪；一个分叉，一个不分叉，后足爪不分叉。

卵：初产椭圆形，后近圆球形，乳白，卵壳表面光滑。

幼虫：老熟体长约32mm，头宽约5mm，体乳白，头黄褐色近圆形，前顶刚毛每侧各为8根，成一纵列；后顶刚毛每侧4根斜列。额中例毛每侧4根。肛腹片后部复毛区的刺毛列，各由13～19根长针状刺组成，刺毛列的刺尖常相遇。刺毛列前端不达复毛区的前部边缘。

蛹：体长约20mm，宽约10mm，椭圆形，裸蛹，土黄色，雄末节腹面中央具4个乳头状凸起，雌则平滑，无此凸起。

5.9.4 为害状况

发生一代至少1年，以幼虫在堆肥或富含有机质的场所越冬；成虫在6—8月雨后羽化出土，日夜活动型；具有趋光性和趋腐性；主要以幼虫取食种茎、根系和鲜薯等，且有转移为害习性，严重时可将根茎、鲜薯取食殆尽或仅留土表个别老根，受害植株极易倒伏，造成缺株或死苗；高温干旱、坡地、沙质地及木薯连作地、甘蔗轮作地及花生间套作地受害较重。

5.9.5 防治方法

5.9.5.1 农业防治

种植抗虫品种；合理布局作物，瓜菜可与玉米等合理间作套种；合理施用各种肥料，避免施用对蛴螬有吸引作用的未腐熟的圈肥，常年受害较重的地块应选择对蛴螬有一定驱避作用的碳酸氢铵、腐殖酸铵、氨化过磷酸钙等，增强作物的生长势，提高作物自身的抗虫能力；于蛴螬为害高峰期，在不影响蔬菜生长的前提下，控制浇水，创造一个相对干燥或相对过湿的环境，迫使蛴螬下移，以减轻为害；清洁田园，收获后翻耕晒土或灌水，以破坏或恶化其化蛹场所，有助于减少虫源。

5.9.5.2 物理防治

利用趋光性和趋腐性，在在辣椒和西瓜种植行间按"Z"形间隔3m和5m挖一个30cm×30cm×30cm的土坑，坑中放入5.7%甲氨基阿维菌素苯甲酸盐水分散粒剂5 000倍液的米糠混合物毒饵，对地下害虫的诱杀效果最好；频振式杀虫灯对金龟子也具有良好的诱杀效果。

5.9.5.3 生物防治

应用昆虫病原细菌、昆虫病原真菌、昆虫病原线虫和寄生性捕食性天敌等生防因子对蛴螬具有良好的防治效果。按每亩40～50kg将阿维菌素有机肥作为基肥施于种植沟或种植穴中，然后覆土栽培，对地下害虫的防治效果好。

5.9.5.4 化学防治

合理使用5.7%甲氨基阿维菌素苯甲酸盐水分散粒剂10 000倍液，或3.2%高氯·甲维盐微乳剂1 000倍液，或20%阿维·杀虫单微乳剂1 000倍液，或4.5%高效氯氰菊酯微乳剂1 000倍液，或2.5%高效氯氟氰菊酯水乳剂1 000倍液，或40%

丙溴磷乳油1 000倍液，或40%辛硫磷乳油1 000倍液，或病毒杀虫剂1 500倍液，或5%氟虫脲乳油1 000倍液，或10%除尽悬浮剂（有效成分：溴虫腈）1 000倍液，或45%菜园虫清乳油（有效成分：bate-cypermethrin）1 500倍液等喷雾防治，具有良好的药效，注意不同类型药剂要轮换使用。

5.10　小地老虎

5.10.1　地理分布

小地老虎*Agrotis ypsilon* Rottemberg又名土蚕、地蚕。属鳞翅目、夜蛾科，在世界各国及中国各地均有分布，是海南瓜菜重要地下害虫。

5.10.2　寄主植物

为害100多种植物和蔬菜，是对农、林木幼苗为害很大的地下害虫，主要为害十字花科蔬菜、瓜类、茄果类、玉米、豆类、烟草、马铃薯、甘薯、木薯、茶、洋葱、棉花、麦类、高粱、粟、落叶松、红松、油松、马尾松、水曲柳、核桃楸、杉木、桑、沙枣、果树等幼苗。

5.10.3　形态特征

成虫：体长21～23mm，翅展48～50mm。头部与胸部褐色至黑灰色，雄蛾触角双栉形，栉齿短，端1/5线形，下唇须斜向上伸，第一、二节外侧大部黑色杂少许灰白色，额光滑无凸起，上缘有一黑条，头顶有黑斑，颈板基部色暗，基部与中部各有一黑色横线，下胸淡灰褐色，足外侧黑褐色，胫节及各跗节端部有灰白斑。腹部灰褐色，前翅棕褐色，前缘区色较黑，翅脉纹黑色，基线双线黑色，波浪形，线间色浅褐，自前缘达1脉，内线双线黑色，波浪形，在1脉后外突，剑纹小，暗褐色，黑边，环纹小，扁圆形，或外端呈尖齿形，暗灰色，黑边，肾纹暗灰色，黑边，中有一黑曲纹，中部外方有一楔形黑纹伸达外线，中线黑褐色，波浪形，外线双线黑色，锯齿形，齿尖在各翅脉上断为黑点，亚端线灰白，锯齿形，在2～4脉间呈深波浪形，内侧在4～6脉间有二楔形黑纹，内伸至外线，外侧有二黑点，外区前缘脉上有三个黄白点，端线为一列黑点，缘毛褐黄色，有一列暗点。后翅半透明白色，翅脉褐色，前缘、顶角及端线褐色。

幼虫：头部暗褐色，侧面有黑褐斑纹，体黑褐色稍带黄色，密布黑色小圆突，腹部末端肛上板有一对明显黑纹，背线、亚背线及气门线均黑褐色，不很明显，气门长卵形，黑色。

卵：扁圆形，花冠分3层，第一层菊花瓣形，第二层玫瑰花瓣形，第三层放射状菱形。

蛹：黄褐至暗褐色，腹末稍延长，有一对较短的黑褐色粗刺。

5.10.4 为害状况

在海南年生6~7代，全年发生，无越冬现象；成虫白天潜伏于土缝中、杂草间、屋檐下或其他隐蔽处，夜出活动、取食、交尾、产卵，以晚上7：00—10：00最盛，温度越高，活动的数量与范围愈大，大风夜晚不活动，成虫具有强烈的趋化性，喜吸食酸甜发酵物质、花蜜、糖蜜等带有酸甜味的汁液。对普通灯趋光性不强，但对黑光灯趋性强。成虫羽化后经3~4d交尾，在交尾后第2d产卵，卵产在土块上及地面缝隙内的占60%~70%，土面的枯草茎或须根草、秆上占20%，杂草和作物幼苗叶片反面占5%~10%，在绿肥田，多集中产在鲜草层的下部土面或植物残体上，一般以土壤肥沃而湿润的田里为多，卵散产或数粒产生一起，每一雌蛾通常能产卵1 000粒左右，多的在2 000粒以上，少的仅数10粒，分数次产完。成虫产卵前期4~6d，在成虫高峰出现后4~6d，田间相应地出现2~3次产卵高峰，产卵历期为2~10d，以5~6d为最普遍。成虫寿命，雌蛾20~25d，雄蛾10~15d。卵的历期随气温而异，平均温度在19~29℃的情况下，卵历期为3~5d。幼虫共6龄，但少数为7~8龄，幼虫食性很杂，主要为害各类作物的幼苗，1~3龄幼虫日夜均在地面植株上活动取食，取食叶片（特别是心叶）成孔洞或缺刻，这是检查幼龄幼虫和药剂防治的标志。到4龄以后，白天躲在表土内，夜间出来取食，尤其在晚上9：00及清晨5：00活动最盛，在阴暗多云的白天，也可出土为害。取食时就在齐土面部位，把幼苗咬断倒伏在地，或将切断的幼苗连茎带叶拖至土穴中，以备食用，这时幼虫多躲在被害苗附近的浅土中，只要拨开浅土，就可以抓到幼虫。4~6龄幼虫占幼虫期总食量的97%以上，每头幼虫一夜可咬断幼苗3~5株，造成大量缺苗断垄。幼虫老熟后，大都迁移到田埂、田边、杂草根旁较高燥的土内深6~10cm处筑土室开始化蛹，为害显著减轻。前蛹期2~3d。第1代蛹期平均18~19d。

5.10.5 防治方法

5.10.5.1 农业防治

种植抗虫品种；合理布局作物，瓜菜可与玉米等合理间作套种；合理施用各种肥料，增强作物的生长势，提高作物自身的抗虫能力；清洁田园，收获后翻耕晒土或灌水，以破坏或恶化其化蛹场所，有助于减少虫源。

5.10.5.2 物理防治

利用趋化性，用糖、醋、酒诱杀液或甘薯、胡萝卜等发酵液诱杀成虫，也可利用对黑光灯的趋光性，用黑光灯诱杀成虫；用莴苣叶诱捕幼虫，于每日清晨到田间捕捉；对高龄幼虫也可在清晨到田间检查，如果发现有断苗，拨开附近的土块，进行捕杀。

5.10.5.3 生物防治

应用甘蓝夜蛾拟瘦姬蜂、夜蛾瘦姬蜂、螟蛉绒茧蜂、双斑撒寄蝇、灰等腿寄蝇、伞裙追寄蝇、黑头猛寄蝇、黏虫侧须寄蝇等生防因子对蛴螬具有良好的防治效果。按每亩40~50kg将阿维菌素有机肥作为基肥施于种植沟或种植穴中，然后覆土栽培，对地下害虫的防治效果好。

5.10.5.4 化学防治

合理使用5.7%甲氨基阿维菌素苯甲酸盐水分散粒剂10 000倍液，或3.2%高氯·甲维盐微乳剂1 000倍液，或20%阿维·杀虫单微乳剂1 000倍液，或4.5%高效氯氰菊酯微乳剂1 000倍液，或2.5%高效氯氟氰菊酯水乳剂1 000倍液，或40%丙溴磷乳油1 000倍液，或40%辛硫磷乳油1 000倍液，或病毒杀虫剂1 500倍液，或5%氟虫脲乳油1 000倍液，或10%除尽悬浮剂（有效成分：溴虫腈）1 000倍液，或45%菜园虫清乳油（有效成分：bate-cypermethrin）1 500倍液等喷雾防治，具有良好的药效，注意不同类型药剂要轮换使用。

5.11 东方蝼蛄

5.11.1 地理分布

东方蝼蛄*Gryllotalpa orientalis* Burmeister别名拉拉蛄、土狗子、地狗子，属直翅目，蝼蛄科，世界性害虫，在亚洲、非洲、欧洲普遍发生，在我国常见于华中、长江流域及其以南各省，南方比北方为害严重。

5.11.2 寄主植物

杂食性害虫，为害100多种植物和蔬菜，是对农、林木幼苗为害很大的地下害虫，主要为害十字花科蔬菜、瓜类、茄果类、玉米、豆类、烟草、马铃薯、甘薯、木薯、棉花、麦类、高粱、粟、杨、柳、松、柏、海棠、桑、果树等种子、幼芽和幼苗。

5.11.3 形态特征

成虫：体长30～35mm，灰褐色，全身密布细毛；头圆锥形，触角丝状；前胸背板卵圆形，中间具一暗红色长心脏形凹陷斑；前翅灰褐色，较短，仅达腹部中部；后翅扇形，较长，超过腹部末端。腹末具1对尾须；前足为开掘足，后足胫节背面内侧有4个距。

卵：椭圆形，初产长约2.8mm，宽1.5mm，灰白色，有光泽，后逐渐变成黄褐色，孵化之前为暗紫色或暗褐色，长约4mm，宽2.3mm。

若虫：8～9个龄期，初孵若虫乳白色，体长约4mm，腹部大，2龄、3龄以上若虫体色接近成虫，末龄若虫体长约25mm。

5.11.4 为害状况

一年1代，成虫、若虫均在土中活动，取食播下的种子、幼芽或将幼苗咬断致死，受害的根部呈乱麻状，并在苗床土表下开掘隧道，使幼苗根部脱离土壤，失水枯死。昼伏夜出，具有强烈的趋光性和趋化性，对香、甜物质气味有趋性，晚9：00—11：00为活动取食高峰，特别嗜食煮至半熟的谷子、棉籽及炒香的豆饼、麦麸等，对马粪、有机肥等未腐烂有机物也有趋性；初孵若虫有群集性，怕光、怕风、怕水，东方蝼蛄孵化后3～6d群集一起，以后分散为害；喜欢栖息在河岸渠旁、菜园地及轻度盐碱潮湿地，有"蝼蛄跑湿不跑干"之说，多集中在沿河两岸、池塘和沟渠附近产卵，产卵前先在5～20cm深处做窝，窝中仅有1个长椭圆形卵室，雌虫在卵室周围约30cm处另做窝隐蔽，每雌产卵60～80粒。

5.11.5 防治方法

5.11.5.1 农业防治

种植抗虫品种；合理布局作物，有条件的地区实行水旱轮作；合理施用各种肥料，增强作物的生长势，提高作物自身的抗虫能力；清洁田园，精耕细作，深耕多耙，有助于减少虫源。

5.11.5.2 物理防治

利用趋化性，将豆饼或麦麸5kg炒香，或秕谷5kg煮熟晾至半干，再用90%晶体敌百虫150g对水将毒饵拌潮，每亩用毒饵1.5～2.5kg撒在地里或苗床上，诱杀效果良好，也可在田间挖30cm见方，深约20cm的坑，内堆湿润马粪并盖草，每天清晨捕杀蝼蛄；利用对黑光灯的趋光性，用黑光灯诱杀成虫。

5.11.5.3 生物药肥防治

按每亩40～50kg将阿维菌素有机肥作为基肥施于种植沟或种植穴中，然后覆土栽培，对地下害虫的防治效果好。

5.12 茶黄螨

5.12.1 地理分布

茶黄螨*Polyphagotarsonemus latus* Banks别称侧多食跗线螨、茶半跗线螨、茶嫩叶螨、阔体螨、白蜘蛛，属蜱螨目，跗线螨科，茶黄螨属，世界性害螨，在我国主要分布在北京、江苏、浙江、湖北、四川、贵州、海南、台湾等地，是严重为害蔬菜的主要害螨。

5.12.2 寄主植物

食性极杂，寄主植物广泛，已知寄主达70余种。主要为害黄瓜、茄子、辣椒、马铃薯、番茄、瓜类、豆类、芹菜、木耳菜、萝卜等蔬菜。

5.12.3 形态特征

雌成螨：长约0.21mm，体躯阔卵形，体分节不明显，淡黄至黄绿色，半透明有光泽。足4对，沿背中线有1白色条纹，腹部末端平截。

雄成螨：体长约0.19mm，体躯近六角形，淡黄至黄绿色，腹末有锥台形尾吸盘，足较长且粗壮。

卵：长约0.1mm，椭圆形，灰白色、半透明，卵面有6排纵向排列的泡状凸起，底面平整光滑。

幼螨：近椭圆形，躯体分3节，足3对。若螨半透明，棱形，是一静止阶段，被幼螨表皮所包围。

若螨：长椭圆形，体长约0.15mm，是一个静止的生长发育阶段，首尾呈锥形，被幼螨的表皮包团，不透明。

5.12.4 为害状况

在海南常年发生，世代重叠；成、幼螨集中在寄主幼芽、嫩叶、花、幼果等幼嫩部位刺吸汁液，尤其是尚未展开的芽、叶和花器，有明显的趋嫩性，植株受害后常造成畸形，严重者植株顶部干枯；被害叶片增厚僵直、变小或变窄，叶背呈黄褐色、油渍状，叶缘向下卷曲；被害幼茎变褐，丛生或秃尖；被害花蕾畸形，果实变褐色，粗糙，无光泽，出现裂果，植株矮缩；茶黄螨主要靠爬行、风力、农事操作等传播蔓延；幼螨喜温暖潮湿的环境条件；成螨较活跃，且有雄螨背负雌螨向植株上部幼嫩部位转移的习性；卵多产在嫩叶背面、果实凹陷处及嫩芽上，经2～3d孵化，幼（若）螨期各2～3d。雌螨以两性生殖为主，也可营孤雌生殖；茶黄螨为喜温性害螨，发生为害最适气候条件为温度16～27℃，相对湿度45%～90%，发育历期随温度的不同而有差异，卵期2～3d，幼螨期1～2d，若螨期一般只有0.5～1d，完成一个世代通常只要5～7d。

5.12.5　防治方法

5.12.5.1　农业防治

种植抗虫品种，培育无虫壮苗；合理布局作物，瓜菜和玉米等合理间套作；合理施用各种肥料，增强作物的生长势，提高作物自身的抗虫能力；清洁田园，精耕细作，深耕多耙，有助于减少螨源。

5.12.5.2　生物防治

目前已知茶黄螨天敌有冲蝇钝绥螨、畸螨对茶黄螨有明显的抑制作用。此外，蜘蛛、捕食性蓟马、蚂蚁等天敌也有一定的控制作用。

5.12.5.3　化学防治

合理使用5.7%甲氨基阿维菌素苯甲酸盐水分散粒剂10 000倍液，或3.2%高氯·甲维盐微乳剂1 000倍液，或20%阿维·杀虫单微乳剂1 000倍液，或4.5%高效氯氰菊酯微乳剂1 000倍液，或2.5%高效氯氟氰菊酯水乳剂1 000倍液，或40%辛硫磷乳油1 000倍液等喷雾防治，具有良好的药效，注意不同类型药剂要轮换使用。

6 海南反季节辣椒、西瓜重要害虫全程绿色防控关键技术研究

6.1 辣椒和西瓜健康种苗培育预防减灾轻简化实用技术

将辣椒和西瓜种子用清水洗净后，用25～30℃的清水浸泡种子6～8h后捞出洗干净沥干，用10%磷酸三钠溶液浸种10min后再次捞出洗净，然后再用5.7%甲氨基阿维菌素苯甲酸盐水分散粒剂10 000倍液与活性促根壮苗剂1 000倍液的混合液浸种10min后再次捞出洗净，最后在25～30℃下催芽后营养钵播种育苗。在幼苗长出2叶时再用5.7%甲氨基阿维菌素苯甲酸盐水分散粒剂10 000倍液与活性促根壮苗剂1 000倍液的混合液浇灌苗一次，然后正常苗期管理。通过上述处理，辣丰三号、薄皮泡椒王、博辣15号、苗丰三号辣椒和黑美人西瓜的种子发芽率和出苗率均达98%以上；发芽期较清水浸泡后直播育苗均缩短3d；幼苗期较清水浸泡后直播育苗均缩短10d（提前10d移栽）；辣丰三号、薄皮泡椒王、博辣15号、苗丰三号辣椒和黑美人西瓜苗期虫害率均在10%以下（图6-1）。

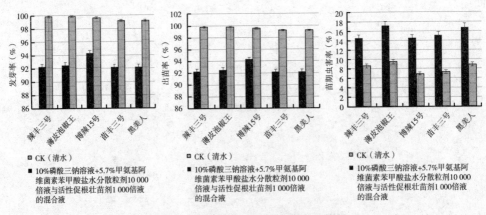

图6-1 辣椒和西瓜健康种苗培育效果

6.2 辣椒和西瓜健康种苗根无害化药肥处理预防减灾轻简化实用技术

辣椒移栽时选用20%阿维·杀虫单微乳剂或3.2%高氯·甲维盐微乳剂1 500倍液与活性促根壮苗剂1 000倍液的混合液浸泡种苗根5～10min后种植，西瓜移栽前0.5d时用20%阿维·杀虫单微乳剂或3.2%高氯·甲维盐微乳剂与活性促根壮苗剂的1 000倍液混合液浇灌种苗根后移栽，辣丰三号、薄皮泡椒王、博辣15号、苗丰三号辣椒和黑美人西瓜的移栽成活率均达99%以上，移栽30d的虫害率均能控制在10%以下（图6-2），预防减灾效果十分显著。

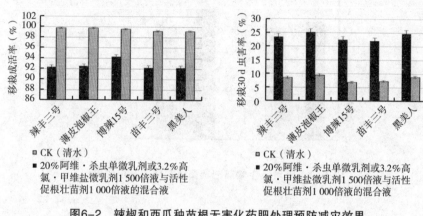

图6-2　辣椒和西瓜种苗根无害化药肥处理预防减灾效果

6.3 辣椒和西瓜根际土壤微生态调控减灾轻简化实用技术

移栽时，按每亩40kg将阿维菌素有机肥作为基肥施于种植沟或种植穴中，然后覆土栽培，对害虫具有良好的预防效果。施用阿维菌素有机肥后移栽30d的辣丰三号、薄皮泡椒王、博辣15号、苗丰三号辣椒和黑美人西瓜的虫害率显著下降，分别从每亩施50kg 15-15-15挪威复合肥基肥的22%～25%下降到10%以下（图6-3），预防减灾效果十分显著。

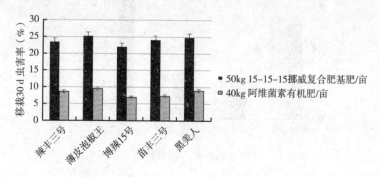

图6-3　辣椒和西瓜根际土壤微生态调控减灾效果

6.4 辣椒和西瓜土坑及生物药剂毒饵诱杀减灾轻简化实用技术

种植时，在辣椒和西瓜种植行间按"Z"形间隔3～5m挖一个30cm×30cm×30cm的土坑，坑中放入5.7%甲氨基阿维菌素苯甲酸盐水分散粒剂5 000倍液的米糠混合物毒饵，移栽30d，平均每坑累计诱杀蛴螬、地老虎、蝼蛄和其他害虫分别为7.3头、4.8头、6.9头、2.4头和8.1头、5.2头、7.3头、2.6头（图6-4），对地下害虫具有良好的诱杀效果，完全可以在生产中广泛推广应用。

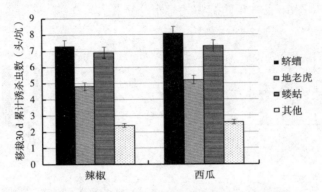

图6-4 土坑及生物药剂毒饵诱杀地下害虫效果

6.5 辣椒和西瓜合理间套作调控减灾轻简化实用技术

辣丰三号、黑美人与木薯、玉米间套作均能显著降低虫害率，移栽30d虫害率分别从辣椒单作的25.47%和西瓜单作的26.87%显著下降到9.17%、12.23%和9.67%、11.67%，可以在生产中广泛推广应用；但辣椒和西瓜与花生间套作对害虫的调控效果差，虫害率分别为34.33%和34.67%（图6-5）。

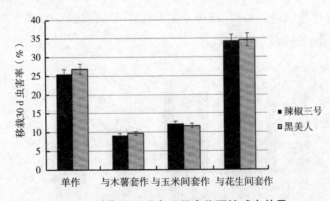

图6-5 辣椒和西瓜合理间套作调控减灾效果

6.6　辣椒和西瓜害虫异常暴发时绿色药剂防灾减灾轻简化实用技术

以常用药剂48％烟碱悬浮剂和40％辛硫磷乳油为对照，开发出的9种配套绿色农药产品防效好，均可在辣椒和西瓜生产中广泛推广应用，其中5.7％甲氨基阿维菌素苯甲酸盐水分散粒剂10 000倍液、3.2％高氯·甲维盐微乳剂1 000倍液、20％阿维·杀虫单微乳剂1 000倍液、4.5％高效氯氰菊酯微乳剂1 000倍液、2.5％高效氯氟氰菊酯水乳剂1 000倍液和40％丙溴磷乳油1 000倍液对斜纹夜蛾、棉铃虫的24h防治效果均达90％以上，45％吡虫啉微乳剂10 000倍液、40％啶虫脒可溶粉剂10 000倍液、4.5％高效氯氰菊酯微乳剂1 000倍液和2.5％高效氯氟氰菊酯水乳剂1 000倍液对蓟马、蚜虫的24h防治效果均达95％以上，5.7％甲氨基阿维菌素苯甲酸盐水分散粒剂10 000倍液、40％啶虫脒可溶粉剂10 000倍液、3.2％高氯·甲维盐微乳剂1 000倍液、20％阿维·杀虫单微乳剂1 000倍液、4.5％高效氯氰菊酯微乳剂1 000倍液和2.5％高效氯氟氰菊酯水乳剂1 000倍液对茶黄螨的24h防治效果均达95％以上，30％灭蝇胺可湿性粉剂1 500倍液、4.5％高效氯氰菊酯微乳剂1 000倍液和2.5％高效氯氟氰菊酯水乳剂1 000倍液对瓜实蝇的24h防治效果90％以上。9种药剂对辣椒、西瓜重要害虫的田间防治效果如下表所示。

表　种药剂对辣椒、西瓜重要害虫的田间防治效果（100株/处理）

药剂	使用浓度（倍液）	24h死亡率（％）					
		斜纹夜蛾	棉铃虫	蚜虫	蓟马	茶黄螨	瓜实蝇
5.7％甲氨基阿维菌素苯甲酸盐水分散粒剂	10 000	97.62	97.37	70.67	98.82	98.87	88.81
3.2％高氯·甲维盐微乳剂	1 000	96.33	96.27	80.27	85.36	98.17	85.67
20％阿维·杀虫单微乳剂	1 000	96.17	96.13	80.23	85.22	96.69	85.23
4.5％高效氯氰菊酯微乳剂	1 000	94.23	94.12	95.66	95.43	95.24	90.23
2.5％高效氯氟氰菊酯水乳剂	1 000	94.16	94.17	95.52	95.29	95.16	91.13
40％丙溴磷乳油	1 000	93.67	93.37	85.33	85.13	80.12	85.22
40％啶虫脒可溶粉剂	10 000	80.68	80.66	98.89	98.76	98.22	85.12
45％吡虫啉微乳剂	10 000	80.12	80.23	98.12	98.16	90.12	85.25
30％灭蝇胺可湿性粉剂	1 500	60.12	60.23	61.67	62.33	61.23	95.89
48％烟碱悬浮剂	3 000	63.3	63.3	67.8	60.23	45.89	62.33
40％辛硫磷乳油	1 000	57.8	60.0	57.8	70.13	78.89	70.12
CK（清水）	—	1.25	1.15	2.26	3.57	2.67	1.12

7 海南反季节辣椒、西瓜重要害虫全程绿色防控技术集成与示范推广

7.1 技术示范与推广

2014—2016年，反季节辣椒、西瓜重要害虫全程绿色防控技术在海南15个市县累计示范、应用面积123万亩，技术覆盖海南所有万亩大田洋无公害瓜菜生产基地，防效达90%以上，亩增产20%以上，节约农药、劳务等30%以上，达到产品安全高效生产、害虫有效绿色防控、产地生态环境安全和农民增产增收四重效果，取得良好的经济效益、社会效益和生态效益。

7.2 产品推广与销售

2014—2016年，开发出的5.7%甲氨基阿维菌素苯甲酸盐水分散粒剂、3.2%高氯·甲维盐微乳剂、20%阿维·杀虫单微乳剂、4.5%高效氯氰菊酯微乳剂、40%啶虫脒可溶粉剂、2.5%高效氯氟氰菊酯水乳剂、45%吡虫啉微乳剂、40%丙溴磷乳油和30%灭蝇胺可湿性粉剂9个绿色农药产品新增销售额9 584.08万元，新增利润2 090万元；海南新和科技开发有限公司和乐东雪明农业开发有限公司应用该技术生产的辣椒和西瓜产品新增销售额451.7万元，新增利润135.51万元。

7.3 技术培训与指导

联合基层推广部门，在海南辣椒、西瓜主栽区授课培训24场，培训农技推广人员、种植大户及瓜菜农968人（次）；田间现场技术指导2 000多人（次）；技术咨询6 000多人（次）；发放培训资料10 000多份，有效普及了海南反季节辣椒、西瓜重要害虫全程绿色防控技术，整体提高了海南反季节辣椒、西瓜安全生产管理水平，取得良好的社会效益。

棉蚜（瓜蚜）及其为害西瓜症状

桃蚜及其为害辣椒症状

棕桐蓟马

黄蓟马

烟蓟马

蓟马及其为害辣椒症状

棉铃虫及其为害西甜瓜症状

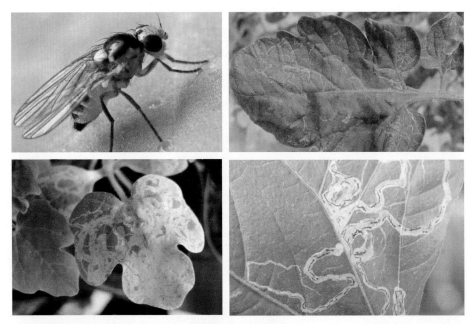

美洲斑潜蝇及其为害辣椒症状

斜纹夜蛾及其为害西瓜症状

瓜绢螟及其为害西瓜症状

蛴螬及其为害西瓜、辣椒症状

小地老虎及其为害西瓜、辣椒症状

东方蝼蛄及其为害西瓜、辣椒症状

茶黄螨及其为害辣椒症状

高产、优质、抗蚜虫西瓜品种在东方市高效种植示范、应用与推广

抗蚜、高产、优质辣椒品种在东方市高效种植示范、应用与推广

棉铃虫对阿维菌素的抗药性综合治理技术示范、应用与推广

猪大肠×大羊角椒　　　　　　　　　　　大羊角椒×猪大肠

抗蚜辣椒品种猪大肠和感蚜辣椒品种大羊角椒正反杂交

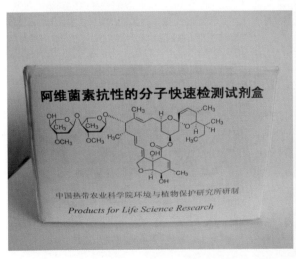

棉铃虫对阿维菌素抗性的快速检测试剂盒

海南反季节辣椒、西瓜重要害虫全程绿色防控技术培训与指导

注：部分图片来源于百度百科